Bibliografische Information der Deutschen Nationalbibliothek:

Die Deutsche Bibliothek verzeichnet diese Publikation in der Deutschen Nationalbibliografie; detaillierte bibliografische Daten sind im Internet über http://dnb.d-nb.de/ abrufbar.

Impressum:

Druck und Bindung: Books on Demand GmbH, Norderstedt Germany
ISBN: 978-3-668-11798-3

Dieses Buch bei GRIN:

http://www.grin.com/de/e-book/312506/beguenstigt-die-konsumgesellschaft-das-entstehen-von-kaufsucht-eine-konsumkritische

Theresa Maas

Begünstigt die Konsumgesellschaft das Entstehen von Kaufsucht? Eine konsumkritische Anschauung

GRIN Verlag

JUSTUS-LIEBIG-UNIVERSITÄT GIESSEN
Fachbereich 09

Professur für Wirtschaftslehre des Haushalts und Verbrauchsforschung
Am Institut für Wirtschaftslehre des Privathaushalts und Familienwissenschaft

BACHELOR-THESIS

BP 20 Konsummuster privater Lebensformen

Kaufsucht in der Konsumgesellschaft

Eine konsumkritische Anschauung, inwiefern die Konsumgesellschaft das Entstehen der Kaufsucht begünstigt

vorgelegt von:

THERESA MAAS

Giessen, 12. August 2009

Inhaltsverzeichnis

1 Einleitung..1

2 Konsumgesellschaft..3

2.1 Definition Konsum und Konsumgesellschaft 3

2.2 Merkmale einer Konsumgesellschaft..3

2.2 Geschichte der Konsumgesellschaft (17.-20.Jahrhundert)..............................5

2.4 Entwicklung der Konsumgesellschaft in Deutschland im 20. Jahrhundert...........8

2.4.1 Ernährung..8

2.4.2 Bekleidung..11

2.4.3 Wohnen und Haushaltsgeräte 13

2.4.4 Freizeitgestaltung und Mobilität...15

2.5 Konsumverstärker..18

2.6 Begleiterscheinungen und Auswirkungen des Konsums..............................22

2.7 Konsumkritik...24

3 Kaufsucht.... 26

3.1 Definition Kaufsucht...26

3.2 Eingliederung der Kaufsucht in die Suchtkrankheiten...................................28

3.3 Entstehung der Kaufsucht 30

3.3.1 Genetische Ursachen...30

3.3.2 Neurotransmitter Dopamin und Serotonin......................................30

3.3.3 Erziehung und Elternhaus 32

3.3.4 Bestimmte Lebenssituationen und traumatische Erlebnisse..............33

3.3.5 Gesellschaftliche und kulturelle Einflüsse 34

3.3.6 Geschlechtsspezifische Motivationen..36

3.4 Häufigkeit/Ausprägung....38

3.5 Symptome....41

3.6 Folgen für den Betroffenen....43

3.7 Behandlung/Therapie des Betroffenen....45

4 Fazit....49

Literatur-/Quellenangaben

Abbildungsverzeichnis

Abbildung 1: Die Bedürfnispyramide nach Abraham Harold Maslow (1908 – 1970)....19

Abbildung 2: Entwicklung der Tendenz zur Kaufsucht: Prozentuale Veränderungen des Anteils der Betroffenen im Jahre 2001 gegenüber 1991....40

Tabellenverzeichnis

Tabelle 1: Der Hohenheimer Kaufsuchtindikator....39

1 Einleitung

Wir leben in einer Konsumgesellschaft und genießen die Vorteile, die sich dadurch bieten. Dieser Umstand beinhaltet das massenhafte Konsumieren vielfältiger und reichhaltiger Warengruppen und Dienstleistungen durch Einkaufen gehen zu jeder Zeit, an fast jedem Ort und in beliebiger Regelmäßigkeit. Die wenigsten von uns beschäftigen sich mit den Auswirkungen und Begleiterscheinungen, die das Massenkonsumverhalten mit sich bringen.

Als Beispiel dafür kann hier das pathologische zwanghafte Kaufverhalten genannt werden, das unter dem Begriff Kaufsucht, fachsprachlich Onimanie, bekannt ist. Die Betroffenen zeigen suchttypisches Verhalten hinsichtlich des Kaufaktes, da sie dadurch „rauschähnliche Zustände" erleben. Die Ware an sich spielt hierbei keine Rolle, sondern die mit dem Kaufakt verbundenen symbolischen Assoziationen und Emotionen.

Kaufsüchtige verstehen es anfangs gut ihr Verhalten vor Angehörigen zu verstecken, dennoch kommt es oftmals zu Brüchen mit Familienmitgliedern, wodurch der Leidensdruck zusätzlich verstärkt wird. Die Folgen der Kaufsucht für den Betroffenen reichen von Einsamkeit über Schulden und Armut bis hin zum Gefängnisaufenthalt wegen nicht nachgegangenen Zahlungsverpflichtungen oder Betrugsfällen.

Die Kaufsucht ist ein in der Öffentlichkeit bekanntes, aber zum Großteil verkanntes Phänomen. So ist vielen Menschen nicht bewusst, dass es sich dabei um eine ernsthafte psychische Störung handelt, die einer Behandlung bedarf. Es existiert die landläufige Meinung, dass jeder der gerne „shoppen" geht, ein bisschen kaufsüchtig ist. Diese Ansicht bezieht sich vor allem auf das weibliche Geschlecht.

Dies konnte ich in meinem persönlichen Umfeld anhand einiger Aussagen selber erfahren.

Als ich in meinem Familien- und Freundeskreis erzählte, dass das Thema meiner Bachelor-Thesis „Kaufsucht in der Konsumgesellschaft" ist, bekam ich sofort unzählige Angebote für Fallstudien. „Cooles Thema, ich BIN kaufsüchtig. Also, wenn Du noch jemanden für ein Interview brauchst, stehe ich gerne zur Verfügung", bekam ich von einigen, meist weiblichen Personen in meinem Umfeld zu hören.

Diese leichtfertigen Äußerungen spiegeln die Meinung vieler Mitbürger wider und lassen darauf schließen, dass Einkaufen zumeist mit dem weiblichen Geschlecht verbunden wird und dass normales Kaufverhalten mit pathologischem Kaufverhalten gleichgesetzt wird ohne die Problematik der Kaufsucht zu erkennen.

Mittlerweile rückt die Krankheit jedoch immer mehr in das Licht der Öffentlichkeit und der Medien, da zunehmend mehr Menschen davon betroffen sind und das Thema vermehrt an Aktualität und Brisanz gewinnt. So berichten Fernsehreportagen- und Dokumentationen in regelmäßigen Abständen über Kaufsüchtige und deren Alltag und machen damit auf diese psychische Störung und ihre Folgen aufmerksam.

Es stellt sich die Frage, wie die moderne Konsumgesellschaft und die Kaufsucht zusammenhängen und inwiefern, die Konsumgesellschaft in diesem Zusammenhang das Entstehen der Kaufsucht begünstigt.

Mit diesen Fragestellungen beschäftigt sich die vorliegende Bachelor-Thesis „Kaufsucht in der Konsumgesellschaft".

Dazu wird zunächst im ersten Teil auf das Thema Konsumgesellschaft eingegangen, um sich auf der Grundlage dessen mit der Kaufsucht im zweiten Teil auseinandersetzen zu können.

In Kapitel 2 werden die Anfänge der Konsumgesellschaft und deren Entwicklung bis in das 21. Jahrhundert in Deutschland dargestellt. Die in dieser Hinsicht vier wichtigsten Konsumfelder Ernährung, Bekleidung, Wohnen und Haushaltsgeräte sowie Freizeitgestaltung und Mobilität werden ebenso erörtert wie Merkmale und Auswirkungen der Konsumgesellschaft.

Des Weiteren wird herausgearbeitet, welche Konsumverstärker es gibt und wie sie dazu beitragen, Menschen zum Kaufen und Konsumieren anzuregen.

In Kapitel 3 wird die psychische Störung Kaufsucht mit ihren Ausprägungen in der Gesellschaft, ihren Ursachen, ihren Symptomen, den Folgen für den Betroffenen und den Therapiemöglichkeiten beschrieben.

Im abschließenden Fazit werden die wichtigsten Aspekte der Thesis zusammenfassend dargestellt und ein Ausblick gegeben, wie sich die Konsumgesellschaft und die Kaufsucht in Zukunft (weiter-) entwickeln werden.

2 Konsumgesellschaft

2.1 Definition Konsum und Konsumgesellschaft

Zunächst sollten die wichtigen Begriffe Konsum und Konsumgesellschaft definiert werden, um sich dem Thema nähern zu können.

Der Begriff Konsum stammt vom lateinischen Wort ´consumere´ ab und bedeutet übersetzt verbrauchen, verzehren und verwenden. Hiermit sind der „Verzehr und Verbrauch materieller und immaterieller Güter und Dienstleistungen durch den Endverbraucher“ gemeint (Kleinschmidt 2008, S.13).

Der Terminus Konsumgesellschaft bezeichnet eine Gesellschaft oder Lebensform, in der Konsum ein wichtiger Aspekt ist: „In einer Konsumgesellschaft erfolgt der Verbrauch und Verzehr von Gütern und Dienstleistungen über die Bedürfnisbefriedigung hinaus. Dies setzt Wahlmöglichkeiten und eine ausreichende Produktion der Angebotsseite voraus. Die Konsumgüter und Dienstleistungen sind einem Großteil der Bevölkerung durch zunehmende Marktintegration zugänglich“ (Kleinschmidt 2008, S.13).

Produktion und Konsumtion bedingen und fördern sich gegenseitig, da ein Element ohne das jeweils andere nicht bestehen würde. Es wäre sinnlos etwas zu produzieren, was von niemandem konsumiert würde und man kann nur etwas konsumieren, das die Produktion hergestellt hat (König 2008, S. 13).

Heutzutage spricht man auch von einer Massenkonsumgesellschaft. Diese Definition gründet sich auf die drei Grundvoraussetzungen: Massenkonsummöglichkeit, Konsumfreiheit und Konsumbedürfnis.

Diese drei Voraussetzungen konnten in ihrer perfekten Form nur in dem realisiert werden, was wir als moderne Gesellschaft bezeichnen.

2.2 Merkmale der Konsumgesellschaft

Bedeutende Kennzeichen für die Konsumgesellschaft sind industrielle Massenproduktion und Massenabsatz von kurzlebigen Verbrauchs- und Gebrauchsgütern, Herstellung von

Wegwerfprodukten und minderwertiger Billigware sowie eine auf den Geltungsnutzen einer Ware gerichtete Werbung.

Die Aufgabe des Menschen in der Konsumgesellschaft scheint nicht mehr nur produktive Arbeit, sondern auch der Kauf und Verbrauch von kurzlebigen Sachgütern zu sein.

Es lassen sich sechs charakteristische Merkmale der Konsumgesellschaft nennen:

- „das Vorhandensein eines reichhaltigen Warensortiments für breite Schichten der Gesellschaft, wobei entscheidend ist, dass es sich um Angebote handelt, die im Sinne von Adam Smith als „decencies“ zu bezeichnen sind, sich also auf die Erfüllung von Konsumwünschen auf der Basis bereits befriedigter Grundbedürfnisse richten

- die Ausdifferenzierung spezialisierter Kommunikationssysteme (z.B. Werbewirtschaft und Marktforschung), die beständig differenzierte Arrangements von Symbolen kreieren und Produkte und Dienstleistungen mit Bedeutung versehen und dadurch das Bedürfnis nach ihnen stimulieren und steuern

- Sets von als zusammengehörig geltenden Waren und Dienstleistungen, die dazu dienen, Sphären des Geschmacks, der Mode und des Stils zu schaffen und zu demonstrieren. Damit wird sichergestellt, dass über Konsum, trotz der Massenproduktion und dem Massenkonsum immanenten Tendenz zur Nivellierung, soziale Distinktion ausgedrückt werden kann

- die Betonung und Wertschätzung von Freizeit und Konsum als eigenständigen Wert – und Lebensbereich gegenüber von Arbeit und Produktion. Freizeit und Konsum werden dabei v.a. mit Freiheit, Kreativität und Selbstverwirklichung in Zusammenhang gebracht

- die Existenz des „Konsumenten“ als individuelle Rolle und als soziale Kategorie. Als soziale Kategorie wird der Konsument durch darauf spezialisierte soziale Systeme geschützt, umworben, informiert, erforscht und beeinflusst. Durch das Individuum wird die Rolle des Konsumenten in die eigene Person integriert; sie prägt dessen Selbstverständnis und dessen Lebensgefühl. Konsument zu sein ersetzt unter Umständen einstige Zugehörigkeiten zu Klassen, Verwandschaftsverbänden oder Heimatregionen. Diese Entwicklung führt dazu, dass neue Vergemeinschaftsformen entstehen, wie z.B. die „Ikea family“ oder die „Tupper Party“ und das Leben einen neuen Sinn enthält, wie es etwas der Sticker am Revers „born to shop“ zum Ausdruck bringt.

- eine institutionalisierte Konsumkritik als Ausdruck einer tiefen Ambivalenz gegenüber Konsummentalität und Massenkonsum und als Menetekel der aus dem Massenkonsum erwachsenden Gefahren für Mensch, Natur und Gesellschaft. Falls Schadensfälle eintreten, sind „Reparatureinrichtungen" vorhanden, um die Folgen zu mildern. Beispiele dafür sind Schuldnerberatungsstellen und Therapieeinrichtungen für Kaufsüchtige" (Brewer 1998, zitiert nach: Schneider 2000, S. 12/13).

2.3 Geschichte der Konsumgesellschaft (17.-20. Jahrhundert)

Die Konsumgesellschaft und das damit einhergehende Konsumieren von Waren und Dienstleistungen existieren schon seit Beginn der Menschheitsgeschichte.

Der Konsumhistoriker Wolfgang König formuliert dazu, dass die frühen Menschen mit Hilfe von Werkzeugen Erzeugnisse herstellten, die sie dann selber konsumierten. Im Laufe der Geschichte nahmen Arbeitsteilung und Spezialisierung zu und Produktion und Konsumtion traten auseinander. Die Marktversorgung löste die Selbstversorgung ab (König 2008, S. 14).

Erste Nennungen des Begriffs Konsumgesellschaft gehen zurück ins 17. Jahrhundert zur Zeit des Merkantilismus. Die damalige Form der Konsumgesellschaft war umfangreichen staatlichen Interventionen und Regulierungen ausgesetzt und die Interessen der Konsumenten spielten nur eine untergeordnete Rolle. So führte die Einführung einer Akzise zur Verteuerung von zahlreichen Lebens- und Konsumgütern und verringerte dadurch deren Verbrauch (Kleinschmidt 2008, S. 63).

Den Beginn der heutigen Form der Konsumgesellschaft sehen viele Wissenschaftler im Großbritannien des frühen 18. Jahrhunderts, angestoßen durch die industrielle Revolution. Sie beschreiben die Entwicklung als Prozess, der sich im Laufe des 19. und 20. Jahrhunderts auch außerhalb Englands durchsetzte, da die Industrialisierung in den anderen Ländern erst später begann und etwa ein Jahrhundert brauchte, um die Wirtschaft umzugestalten (König 2008, S.23).

Die aufkommende Industrialisierung in England führte Anfang des 18. Jahrhunderts dazu, dass Möglichkeiten der Massenproduktion entstanden. Durch die Erfindung von neuen Produktionstechniken wurde das Handwerk von Maschinenarbeit abgelöst und die Herstellung von Produkten wurde zum einen erleichtert und zum anderen vereinheitlicht, sodass größere Mengen des gleichen Gutes produziert werden konnten.

Die Städte wuchsen und eine neue Gesellschaftsschicht entstand. Die in der Industrie tätigen Arbeiter verfügten über mehr Einkommen als vorher und die Kaufkraft und Nachfrage nach Massenverbrauchsgütern stiegen an. Gleichermaßen entwickelte sich auch eine Abhängigkeit der Arbeiter von der Fabrikarbeit, da sie auf ihre Löhne angewiesen waren um ihre Familie versorgen zu können (König 2008, S.42).

Andere europäische Länder wie Frankreich, Deutschland und Holland wurden im Laufe der Zeit von der Konsumrevolution eingeholt und entwickelten sich ähnlich wie Großbritannien.

Aufgrund der stärker werdenden Emanzipation des Bürgertums und der wachsenden Kaufkraft waren Prestigeobjekte nicht mehr allein dem Adel vorbehalten. Auch den einfachen Bürgern wurden Lebensmittel und Getränke sowie Kleidung zum Hervorheben ihres Standes wichtig.

Das Verhalten der Menschen wandelte sich vom bedarfsorientierten Konsum hin zum Modekonsum mit dem Wunsch etwas zu besitzen und darzustellen (www.planet-wissen.de). Luxusgüter, die nur für die Adeligen erschwinglich waren, verwandelten sich im Laufe der Zeit in Güter des alltäglichen Gebrauchs für jedermann. Als ein Beispielprodukt hierfür kann Kaffee genannt werden.

Während um das Jahr 1720 Kaffee nur von bürgerlichen Familien in der Mitte und im Norden Deutschlands getrunken wurde, erfreute sich dieses Getränk bereits 30 Jahre später bei ärmeren Menschen in den Dörfern großer Beliebtheit. Auch andere vormalige Luxusgüter, wie Tee und Schokolade fanden im 18. Jahrhundert ebenso Verbreitung in Europa (Jäckel 2000, S.76).

Die ersten Massenprodukte, wie zum Beispiel Kleidung aus Baumwolle kamen auf den Markt und 1786 wurde in Weimar die erste Modezeitschrift, das „Journal des Luxus und der Moden" herausgebracht. Es folgten weitere Zeitschriften und diese wurden zum wichtigsten Kommunikationsmittel und Medium zur Förderung von Konsumbedürfnissen. Konsum wurde schon zu dieser Zeit bewusst gesteuert.

Ab dem 19. Jahrhundert spielte Werbung als Mittel zur Absatzsteigerung eine immer größere Rolle. Marktausrufer wurden durch Annoncen in Zeitschriften und Zeitungen sowie Plakaten ersetzt und diese entwickelten sich von einer textreichen zur visuellen Darstellungsform, bei der vermehrt auf die Abbildung der Produkte wertgelegt wurde.

Im Jahr 1855 wurde in Berlin die erste Litfaßsäule aufgestellt, die eine breite Fläche für Werbeplakate bot und auch die Gestaltung von Schaufenstern der Läden gewann zunehmend an Bedeutung um die ausgestellten Produkte ins rechte Licht zu rücken.

Durch technische Innovationen der fortlaufenden Industrialisierung wie Dampfschiffe, Eisenbahnen und Telegraphen entstanden in Europa und der ganzen Welt weit verzweigte Transport-, Produktions- und Informationswege, die es möglich machten, Waren über Landesgrenzen hinaus zu handeln.

Gegen Ende des 19. Jahrhunderts entstanden die ersten großen Kaufhäuser. Einer der ersten Kaufhausgründer war Rudolf Karstadt. Dieser eröffnete am 14. Mai 1881 sein erstes Kaufhaus namens „Tuch-, Manufactur- und Confectionsgeschäft Karstadt" in Wismar.

Neben der Größe und Ausstattung der Kaufhäuser war ein Merkmal dieser neuen Geschäftsstätten, dass nicht wie vorher gehandelt werden konnte, sondern dass es feste Preise gab und man in bar bezahlen musste (www.wikipedia.de/karstadt).

Durch das erhöhte Angebot an Waren und Gütern wuchsen in dieser Zeit die Kauflust und die Wünsche der Konsumenten. Dieser Umstand brachte auch erste negative Seiten des Konsums mit sich: Die Verschuldung der Bevölkerung sowie die Zahl der Kleptomanen stiegen an und erste Vorläufer der Kaufsucht entwickelten sich (www.planet-wissen.de).

Der deutsche Psychiater und Mitbegründer der modernen Psychiatrie Emil Kraepelin beschrieb schon im Jahr 1909 in seinem Lehrbuch für Studierende und Ärzte eine „krankhafte Kauflust, die den Kranken veranlasst, sobald sich ihm die Gelegenheit dazu bietet, ohne jedes wirkliche Bedürfnis in großen Mengen einzukaufen" (http://internet.magnus.de).

Manche Forscher sehen ein Ansetzen der Konsumgesellschaft im 19. Jahrhundert oder früher für zu unbestimmt an, da es in dieser Zeitepoche aufgrund der Einkommensverteilung nur Minderheiten möglich war, im größeren Stil und über die Grundbedürfnisse hinaus zu konsumieren. Sie verwenden den Begriff erst auf die Zwischenkriegszeit in den 1930er Jahren in den USA (König 2008, S.23/24).

Einig sind sich die Wissenschaftler darüber, dass sich das Konsumverhalten nach einschneidenden historischen Ereignissen im 20. Jahrhundert wie dem Ersten Weltkrieg, der Weltwirtschaftskrise und dem Zweiten Weltkrieg hin zum heutigen Massenkonsumverhalten entwickelt hat. In dieser Zeit hält die Globalisierung des Konsums Einzug und internationale Produkte, im Anfang meist ausgehend von den USA, erobern den weltweiten Markt. Zudem eröffneten sich auch durch den neuen finanziellen Wohlstand ab den 1950er Jahren neue Konsummöglichkeiten (www.planet-wissen.de).

Laut König entstand die Konsumgesellschaft zuerst in den USA und verbreitete sich von da aus in die ganze Welt. Die anderen Länder wurden durch die amerikanischen Konsumformen beeinflusst, übernahmen diese teilweise, gestalteten sie um oder verbanden sie mit eigenen Traditionen. Daraus entstanden „nationale Konsumkulturen als Mischformen" (König 2008, S.10).

In den folgenden Kapiteln wird auf die Entwicklung der Konsumgesellschaft in Deutschland näher eingegangen.

2.4 Entwicklung der Konsumgesellschaft in Deutschland im 20. Jahrhundert

In Deutschland hat sich die Konsumgesellschaft vor allem nach dem Zweiten Weltkrieg stetig (weiter-)entwickelt. Auf die Mangelerfahrungen während des Krieges bis zur Währungsreform 1948 folgten das Wirtschaftswunder und die Wohlstandsgesellschaft. Die hiermit verbundenen Faktoren wie steigende Einkommen, neue Budgetmöglichkeiten, Herausbildung unterschiedlichen Haushaltstypen und mehr Freizeit führten zu einer Umstrukturierung des Konsumverhaltens (Kleinschmidt 2008, S. 136).

Die Ausbreitung und Entfaltung des Konsums seit den 1950er Jahren erfolgte in Deutschland in vier großen Konsumwellen: Ernährung – Kleidung – Wohnen und Haushaltsgeräte – Freizeitgestaltung und Mobilität. Diese Wellen markieren den Weg in die Massenkonsumgesellschaft. Im Folgenden wird die Entwicklung und Verbreitung der vier Konsumwellen beschrieben und aufgezeigt, wie die gegenwärtige Vielfalt an Konsummöglichkeiten in diesen Bereichen entstanden ist und durch welche Faktoren sie begünstigt wurde.

2.4.1 Ernährung

Essen und Trinken bilden die Grundlage der menschlichen Existenz und haben deshalb schon immer einen hohen Stellenwert im Denken und Handeln der Menschen eingenommen.

In einem langen Prozess entwickelte sich der Lebensmittelkonsum zur heutigen Vielfalt und Reichhaltigkeit im Lebensmittelbereich. Es wird angenommen, dass die Wurzeln der heutigen Ernährungsweise in der Zeit der Industrialisierung begründet sind.

Dabei spielten Faktoren wie die Einkommensentwicklung, der Wechsel von der Selbstversorgung zur Fremdversorgung und neue Lebensmittelgruppen eine Rolle, dass aus der hungerstillenden Nahrungsaufnahme, der Massenkonsum an Lebensmitteln auch aus anderen Beweggründen wie z.B. Langeweile und Frust wurde.

Der Faktor Einkommensentwicklung und die damit verbundene Änderung der Lebensmittelausgaben können als Gradmesser herangezogen werden um den wachsenden Wohlstand der deutschen Bevölkerung zu messen.

Bis zum Wiederaufbau Deutschlands nach dem Zweiten Weltkrieg war es vielen Teilen der Bevölkerung nicht möglich über ihre Grundbedürfnisse hinaus zu ´essen´.

Teilweise mussten sie für die Ernährung bzw. Nahrungsmittelerstellung fast ihr ganzes Einkommen aufbringen und Missernten und Hungersnöte gehörten zu ständigen Bedrohungen.

So gaben im Jahr 1800 deutsche Familien bis zu 90 Prozent des Einkommens für Nahrungsmittel aus, ein Jahrhundert später etwa die Hälfte und im Vergleich dazu sind es heutzutage zwischen 10 und 15 Prozent (König 2008, S. 97).

Diese Beobachtungen werden durch das Engel´sche Gesetz bestätigt, dass besagt, dass der Anteil des Einkommens, den ein Privathaushalt für Nahrungsmittel ausgibt mit steigendem Einkommen sinkt.

Weitere Untersuchungen haben gezeigt, dass 1800 10% und 1900 ein Viertel der Bevölkerung über ein ausreichendes Einkommen verfügten um sich einen Konsum von Waren über die Grundbedürfnisse hinaus leisten zu können (Kleinschmidt 2008, S. 41).

Ein weiterer Faktor ist der Wechsel von der Selbstversorgung der Haushalte zur Fremdversorgung durch Lebensmittelindustrie- und Handel. Im Laufe des 20. Jahrhunderts kauften die Menschen bedingt durch gestiegene Einkommen und dem Wandel in der Lebensmittelherstellung nicht mehr beim Erzeuger, sondern in weiterverarbeitenden Betrieben wie Bäckereien und schließlich in großen Kaufhäusern ein (König 2008, S. 105).

Zu den Hauptnahrungsmitteln gehörten bis zum Zweiten Weltkrieg in erster Linie Kartoffeln, Getreide, Brot und Fleisch und bei den Getränken Wasser, Wein, Bier und Milch.

Anhand des gestiegenen Fleischkonsums seit dem 19. Jahrhundert kann ebenso wie beim Einkommen der aufkommende Wohlstand in Deutschland nachvollzogen werden. Dennoch gab es in dieser Hinsicht weiterhin Unterschiede zwischen den Gesellschaftsschichten, da Bratenstücke der oberen Schicht und Nieren oder Därme der unteren Schicht vorbehalten waren (Kleinschmidt 2008, S.41/42).

Im 20. Jahrhundert kam es vor allem in den Nachkriegsphasen des Ersten und Zweiten Weltkriegs vermehrt zu Mangel- und Hungererfahrungen aufgrund von Versorgungsengpässen in der deutschen Bevölkerung.

Der schnelle Wiederaufbau und die Währungsreform 1948 führten zu einem wirtschaftlichen Aufschwung Deutschlands und ermöglichten den Bürgern einen steigenden Lebensmittelkonsum und eine neue Esskultur, die auch als „Fresswelle“ bezeichnet wird.

Kennzeichnend hierfür waren

- Globalisierung der Lebensmittelversorgung durch neue Transportwege
- Vielfältigeres und reichhaltigeres Warenangebot; insbesondere neue Lebensmittelproduktgruppen (z.B. Kellog´s Cornflakes) und Surrogate (z.B. Margarine für Butter)
- neue Zubereitungs- und Verarbeitungstechniken; Industrialisierung und Technisierung der Lebensmittelherstellung, Einsatz von Zusatz- und Konservierungsstoffen, Gentechnik
- Haltbarmachung von Lebensmitteln durch neue Konservierungs- und Kühlmethoden; Einführung von Kühlschränken und Gefriertruhen in Deutschland
- verändertes Ernährungsverhalten; Verzehr von Fast Food und Convenience-Produkten, Kultur des Essens unterwegs
- „die Ubiquität und Omnitemporalität der Nahrungsaufnahme; Essen zu einer Tätigkeit an einem beliebigen Ort und zu einer beliebigen Zeit“ (König 2008, S. 120/121).
- Einführung neuer Markenprodukte; standardisierte und gleich bleibende Qualität, Markenzeichen und aufwendig gestaltete Verpackungen, z.B. Coca-Cola
- vermehrte und zielgruppengerechte Werbung für Lebensmittel

(König 2008, S. 96 – 121).

Im Laufe der Massenkonsumentwicklung kristallisierte sich heraus, dass nicht mehr Mangel, sondern Überfluss von Nahrungsmitteln Problem der deutschen Bevölkerung war und bis heute ist.

Das Überangebot von Lebensmitteln, die industrielle Herstellung dieser, der Einsatz von Zusatzstoffen und die unkontrollierte Nahrungsaufnahme führten zu einem Anstieg von ernährungsbedingten Erkrankungen wie Adipositas, Bluthochdruck und Hypercholesterinämie.

Zudem stiegen aufgrund der zunehmenden Lebensmittelverpackungen auch die Müll- und Abfallmengen und erste Lebensmittelskandale traten auf.

Dieser Zustand rief Kritiker des modernen Essverhaltens auf den Plan und in den 1980er Jahren entstand eine „Öko-Bewegung“, in dessen Zuge erste Bioläden öffneten und die Produktion von Bio-Lebensmitteln an Bedeutung gewann. Es entwickelten sich kritische und umweltorientierte Konsumenten, die weg vom Massenkonsum wollen (www.planet-wissen.de).

2.4.2 Bekleidung

Auch die Kleidung gehört zu den menschlichen Grundbedürfnissen, da der Mensch ohne sie nackt ist und sie eine Schutzfunktion inne hat (Kleinschmidt 2008, S. 44).

Bis weit in das 20. Jahrhundert hinein entstand Kleidung vorwiegend in Eigenproduktion und ärmere Menschen besaßen in der Regel zwei Garnituren für den Alltag und eine bessere Garnitur für Sonntags. Die Alltagskleidung wurde einmal in der Woche gewechselt und gewaschen um dem allzu schnellen Verschleiß vorzubeugen.

Hauswirtschaftliche Fähigkeiten wie Schneidern, Ausbessern und Stopfen gehörten zur typischen Mädchenerziehung, damit die hauseigene Herstellung und Reparatur der Bekleidung gewährleistet war.

Im Zuge der Industriellen Revolution kam es zu Differenzierungen in Arbeits- und Freizeitbekleidung, die Kleidung wurde farbenfroher und der Wechsel der Kleidung nahm aus Gründen der Hygiene und Mode zu. Baumwolle, ein ehemaliges Luxusgut, wurde aufgrund verbesserter Transportwege, Maschinisierung und Massenfertigung zu einem beliebten Gewebe für Alltags- und Arbeitsbekleidung breiter Bevölkerungsschichten (Kleinschmidt 2008, S. 45/46).

Die preiswerte Massenproduktion von Kleidung machte es zunehmend schwieriger die unterschiedlichen Schichten anhand ihrer Kleidung auseinander halten zu können (König 2008, S. 122).

Die Besonderheiten des Massenmarktes begünstigten in den USA zuerst die Herrenkonfektion und gegen Ende des 19. Jahrhunderts die Damenkonfektion. In den1870er Jahren wurden erste Konfektionsgrößen festgelegt und in den 1950er Jahren entstand das heute noch gebräuchliche 3-Größen-System (König 2008, S. 126).

Spätestens seit der Zeit nach dem 2. Weltkrieg ist Mode allgegenwärtig und Trends entwickeln sich rasant. Was heute angesagt ist, kann morgen schon aus der Mode sein.

Als ein Beispiel für die rasante Entwicklung von Trends kann hier die Jeans genannt werden. Diese Baumwollhose wurde Ende des 19. Jahrhunderts von Levi Strauss erfunden und entwickelte sich von der Nutzung als Arbeitshose über die ´Blue Jeans´ als Ausdruck des Protests gegen Traditionen bei Jugendlichen in den 1950er Jahren zum Alltagskleidungsstück in der Gegenwart. Man kann sie heute an jedem Tag und zu jedem gesellschaftlichen Anlass tragen, dennoch hat sie im Symbolgehalt eingebüßt, da im Laufe der Zeit viele neue Hosentrends die Kleidermärkte erobert haben (www.wikipedia.de/jeans).

Kunstfasern, wie Nylon und Polyacryl komplementierten die Naturfasern in der Kleidungsherstellung. Aus Nylon hergestellte Waren enthielten eine hohe Elastizität und Scheuerfestigkeit und es wurde ab den 1940er Jahren für die Fertigung von Damenstrümpfen und später Strumpfhosen eingesetzt. Es gab Pullover aus Acryl oder mit einem Acrylanteil und diese waren waschmaschinenfest und formbeständig (König 2008, S. 133).

Auch der Kleidungsstil von Mann und Frau glich sich immer mehr an. Während in Frankreich schon nach der Französischen Revolution einige Frauen Hosen trugen, dauerte es bis in die 1960/70er Jahre bis dies in Deutschland für Frauen und Mädchen zur Selbstverständlichkeit wurde (Kleinschmidt 2008, S. 45).

Heutzutage stehen den Konsumenten eine große Vielfalt an verschiedenen Materialien, Farben, Verarbeitungs- und Veredelungstechniken, Schnitten und Funktionen der Kleidung zur Verfügung.

„Der Rückgang der Kleidungspreise und der gewachsene Wohlstand haben Kleidung zu einem Massenkonsumgut gemacht. Kleidung veraltet in der Regel nicht mehr durch Verschleiß, sondern durch den sich zwar immer unübersichtlicher, aber dennoch stetig vollziehenden Gang der Mode“ (König 2008, S. 135).

Dennoch sind auch heute trotz der Vereinheitlichung und Ähnlichkeit der Kleidung noch oder wieder Distinktionen zwischen den sozialen Schichten erkennbar. Unterschiede in der Qualität der Kleidung, Markenorientierung und erhebliche Preisspannen machen dies deutlich (Kleinschmidt 2008, S. 47).

Kleidung ist zu einem Mittel geworden mit dem man seine Identität unterstreichen und zeigen kann, welchen gesellschaftlichen Status man hat oder gerne hätte. Da sich die Trends schnell ändern, ist dies oftmals mit einem hohen finanziellen Einsatz verbunden und vor allem Frauen sind hinsichtlich dem Kauf neuer Kleidung leicht verführbar. Bei der ab dem

Kapitel 3 beschriebenen psychischen Störung Kaufsucht spielt Kleidung als Kaufobjekt eine besondere Rolle.

2.4.3 Wohnen und Haushaltsgeräte

Anhand der Wohnsituation lässt sich auch eine Veränderung des Konsumverhaltens über Jahrzehnte hinweg beobachten. Wichtige Indikatoren hierfür sind Haushaltsgröße, Eigentum, Wohnfläche in qm, Wohnungsmieten, Zusammensetzung der Haushaltsmitglieder und die technische und funktionale Ausstattung der Wohnbereiche.

Im 19. Jahrhundert lebten in den unteren sozialen Schichten viele Menschen zusammen in engsten Verhältnissen. Es gab keine räumlich-funktionale Differenzierung, da Wohnräume als Allzweckräume mit Schlaf-, Wohn-, und Essfunktion dienten (Kleinschmidt 2008, S. 48).

Anfang des 20. Jahrhunderts waren die 5-Personen-Haushalte am meisten und die 1-Personen-Haushalte am seltensten vertreten. Heutzutage ist dies umgekehrt, vor allem in den großen Städten lebt die Hälfte der Bevölkerung in 1-Personen-Haushalten (König 2008, S. 159).

Bedingt durch die Zerstörungen und den Flüchtlingswanderungen aus dem Osten, herrschte in Deutschland nach dem Zweiten Weltkrieg Wohnungsmangel. In dieser Zeit förderte der Staat den Wohnungsbau mit beträchtlichen Mitteln und durch vermehrten Neubau von Wohnungen konnte der Mangel bis Anfang der 1970er Jahre beseitigt werden. Neben den Eigentumswohnungen gewannen auch die Eigenheime zunehmend an Bedeutung (König 2008, S. 158).

Auch die Anteile des Einkommens für Mietausgaben änderten sich beträchtlich von 10% in den Nachkriegsjahren auf 25% gegen Ende des 20. Jahrhunderts (König 2008, S. 159).

Die Indikatoren Haushaltsmitglieder und Wohnfläche entwickelten sich im Laufe der Jahre gegenteilig. Während die Anzahl der Mitglieder eines Haushaltes abnahmen, nahmen die Wohnflächen in qm zu.

Vor allem in der Nachkriegszeit konnte die deutsche Bevölkerung ihre Wohnsituation hinsichtlich der Wohnungsgröße entscheidend verbessern. „Waren die Wohnungen 1955 noch im Durchschnitt 61 qm groß, maßen sie 1998 in den alten Ländern durchschnittlich 90 qm. Von 1950 bis 1987 sank die Zahl der in einer Wohnung lebenden Menschen von im Schnitt 4,7 auf 2,4 und halbierte sich damit" (König 2008, S. 158).

Des Weiteren änderte sich die Zusammensetzung der Haushalte im Laufe der Jahre. Traditionelle Familienverbände in Haushalten sind äußert selten geworden und an dessen Stelle sind vielfältige soziale Gruppierungen getreten, die zusammen wohnen und wirtschaften. Es gibt vermehrt 1-Personen-Haushalte, dargestellt durch Singles, verwitwete Personen, Geschiedene oder allein lebende alte Menschen. Zudem gibt es Paare mit oder ohne Kinder, Alleinerziehende mit Kindern oder Wohngemeinschaften.

Die USA waren bezüglich der Wohnungsausstattung wie so oft ein Vorreiter für Deutschland, da sich viele Merkmale des Wohnens in der Konsumgesellschaft hier schon in den 1930er Jahren finden. In Deutschland erhielt die technische und funktionale Ausstattung der Wohnbereiche vor allem durch die Neubautätigkeit und Modernisierungen in den 1960er bis 1980er Jahren enormen Aufschwung. Dazu gehörte die funktionale Untergliederung der Räume und die Anschlüsse an Versorgungs- und Entsorgungssysteme für Wasser, Abwasser, Müll, Gas und Elektrizität. Die statistische Vollversorgung der Haushalte mit einem WC und Bad dauerte bis 1980. Seitdem ist es unter anderem üblich, dass die überwiegenden Anzahl der Haushalte ein zweites Badezimmer oder ein Gäste-WC besitzen (König 2008, S. 157).

Die neuen Versorgungssysteme förderten die Verbreitung von Zentralheizungen, Elektroherden, Bügeleisen, Staubsaugern, Radios und Schallplattenspielern und die damit einhergehenden Kundendienste, Installationsgewerbe und Fachhandel (Kleinschmidt 2008, S. 50).

Im Gegensatz zu Amerika wurden die deutschen Wohnungen erst im Laufe der 1970er Jahre mit arbeitserleichternden und zeitsparenden Geräten wie Kühlschränken und Waschmaschinen ausgestattet und ein Jahrzehnt später durch Gefriertruhen und Waschvollautomaten ergänzt oder ersetzt (König 2008, S. 161).

Im Laufe der Zeit wurden stetig neue und modernere Geräte für den Haushalt entwickelt und mittlerweile gehören z.B. eine Spülmaschine, Mikrowelle oder ein Toaster zur Küchenstandardausstattung. Trotz aller Neuerungen und Änderungen im Bereich des Wohnens über die Jahre hin weg, ist die Haushaltsarbeit beständig und weitgehend in der Hand der Frauen geblieben, während die männliche Bevölkerung für die Schaffung der finanziellen Mittel und den Kauf des Haushaltsgerätes zuständig war und teilweise heute noch ist.

Die Entwicklungen hinsichtlich der Ausstattung mit Haushaltsgeräten brachten aber auch negative Auswirkungen mit sich. So verbrauchen die privaten Haushalte zusammen heute mehr Energie als die Industrie, die Gesamtmüll- und Abwassermengen erhöhten sich in der Nachkriegszeit extrem und es werden vermehrt Schadstoffe in die Umwelt ausgelagert (König 2008, S. 163).

2.4.4 Freizeitgestaltung und Mobilität

Die vierte und letzte Konsumwelle beleuchtet das sich wandelnde Konsumverhalten hinsichtlich der Freizeitgestaltung und Mobilität. Hier spielte der wachsende Wohlstand Deutschlands in der Nachkriegszeit, das so genannte Wirtschaftswunder, eine enorme Rolle.

Im Laufe der Entwicklung der Konsumgesellschaft gewann die Freizeit immer mehr Bedeutung gegenüber der Arbeitszeit und nimmt heute einen sehr hohen Stellenwert ein.

Während im Kaiserreich in der Industrie an 6 Tagen 12 Stunden-Schichten gearbeitet wurden, betrug die Arbeitszeit zu Beginn des 21. Jahrhunderts weniger als 8 Stunden an 5 Tagen der Woche. Die wöchentliche Arbeitszeit ist somit vom 18. bis zum 20. Jahrhundert etwa um die Hälfte auf ca. 40 Stunden zurückgegangen.

Das Einkommen blieb im Vergleich zur Verminderung der Arbeitszeit gleich oder erhöhte sich. Daher hatte die damalige Bevölkerung mehr freie Zeit und mehr Geld zur Verfügung und sie fing an zu verstehen, dass Freizeit nicht nur ´freie Zeit von etwas´, sondern auch ´freie Zeit für etwas´ bedeuten kann (Kleinschmidt 2008, S.52).

Ein Faktor, der die aktive Freizeitgestaltung enorm erleichterte, war die Entwicklung der Mobilität. Zunächst verhalf vielen Menschen das Fahrrad zur mobilen Fortbewegung. Seit Anfang des 20. Jahrhunderts fuhr eine große Zahl der arbeitenden Bevölkerung mit dem Rad zur Arbeit. „Eine allgemeine Verbreitung fand das Fahrrad in der Zwischenkriegszeit. Ende der 1920er dürfte statistisch gut die Hälfte der Haushalte über ein Fahrrad verfügt haben, zehn Jahre später nahezu alle“ (König 2008, S.194/195).

Mit der Zeit wurde das Fahrrad nicht nur für berufliche Zwecke, sondern auch für private Zwecke genutzt. Man unternahm sonntägliche Fahrradtouren in die Natur oder besuchte Verwandte im nächsten Dorf.

Das Motorrad entstand zeitgleich zum Benzinwagen und entwickelte sich, nachdem jahrelang mehr Motorräder als Autos auf deutschen Straßen fuhren, zum Wegbereiter für das Automobil. „Wie alle hochpreisigen technischen Konsumgüter verbreitete sich das Auto zuerst in den Oberschichten, erreichte aber [...] mit großer Geschwindigkeit auch die Arbeiter und kleinen Angestellten [...], 1960 verfügte etwa ein Viertel der Haushalte über ein Auto, 1970 die Hälfte" (König 2008, S.197).

Die Verbreitung des Autos brachte neue Freizeitgestaltungsmöglichkeiten mit sich. Es war nun möglich, seinen räumlichen Horizont zu erweitern und längere Ausflüge und Urlaube zu unternehmen. Im Gegensatz zu vormaligen Reisen mit der Eisenbahn, konnten Touren mit dem Auto individueller und flexibler gestaltet und geplant werden. In den 1990er Jahren löste dann das Flugzeug als Urlaubsreiseverkehrsmittel das Auto weitgehend ab.

Zur neuen Freizeitgestaltung, insbesondere im Wohnumfeld, gehörten auch mediale Unterhaltungsprodukte wie Radios und Fernsehgeräte. Zuerst eroberte das Radio die deutschen Wohnungen und um 1960 war eine Vollversorgung mit diesem Medium erreicht. Oftmals standen in einem Haushalt mehrere Radios zur Verfügung, sodass es zu keinen Streitereien der Familienmitglieder bezüglich der Programmauswahl kommen konnte.

Schon bald lief der Fernseher dem Radio den Rang ab und wurde zum bis heute wichtigsten Medium in den deutschen Haushalten. Zunächst handelte es sich um Schwarz-Weiß-Geräte, die bis zu den 1980er Jahren gegen Farbfernseher eingetauscht wurden. Zudem wuchs das Programmangebot und im Laufe der Jahre gingen die Fernsehanstalten zu einem 24-Stunden-Betrieb über. Aus dem anfänglichen Familienmedium wurde mit der Zeit ein individuelles Medium, da mittlerweile in den meisten Haushalten jedes Mitglied ein eigenes Fernsehgerät besitzt.

Dadurch wurde das Fernsehen zu einem der wichtigsten Meinungsbildner für die Bevölkerung und prägt den Massengeschmack (König 2008, S. 229-231).

Den Medien kommt in der Konsumgesellschaft eine Doppelrolle zu. Einerseits ist das Medium Fernsehen ein heutzutage nicht mehr weg zu denkendes Mittel zur Informations- und Nachrichtenvermittlung. Außerdem eignet es sich als Verstärker besonders gut für Werbemaßnahmen, da hierbei viele Menschen auf einmal erreicht werden können und sich durch die zugleich auditive und visuelle Ausrichtung gut Gefühle und Emotionen beim Konsumenten wecken lassen (www.wikipedia.de/fernsehen).

Andererseits ist das Fernsehen ein Konsumgut und zeigt durch Preis, Größe und Aussehen den realen oder erwünschten gesellschaftlichen Status seines Besitzers an.

In der heutigen Konsumgesellschaft übertrifft der Umfang der Freizeit die Arbeitszeit bei weitem und diese freie Zeit wird vielfältig genutzt und beispielsweise mit Kino- und Restaurantbesuchen, Reisen, Vergnügungsparks, sportlichen Aktivitäten, geselligen Zusammenseins, Shopping und vielen anderen Freizeitmöglichkeiten ausgefüllt.

„Auch wenn der Freizeitkonsum des späten 20. Jahrhunderts zunehmend erlebnis- und eventorientiert ist und sich als solcher auch in der Öffentlichkeit abspielt, gibt es eine Tendenz zum individuellen Konsum“, die z.B. durch den häuslichen Konsum von Massenmedien zum Ausdruck kommt (Kleinschmidt 2008, S. 57).

Wie auch in den beiden zuvor beschriebenen Konsumfeldern Ernährung und Bekleidung lassen sich im Bereich der Freizeitgestaltung und Mobilität heutzutage Unterschiede zwischen den Gesellschaftsschichten ausmachen. Verschiedene moderne technische Ausstattungen wie beispielsweise ein Flachbildfernseher werden mit einer großen Bedeutung versehen und dienen als Statussymbole, denen oftmals insbesondere sozial benachteiligte Schichten erliegen um ihr Ansehen nach außen hin zu erhöhen.

Auch hinsichtlich der Mediennutzung kann man Disparitäten erkennen, da es erwiesen ist, dass der Fernsehkonsum umso höher liegt, je tiefer die soziale Stellung und geringer der Bildungsstand des Einzelnen ist (König 2008, S.232).

Des Weiteren wird z.B. Fußball als Arbeitersport angesehen, während Tennis, Golf oder Segeln als Sport der höheren Schicht gelten.

Aus den voran gegangenen Kapiteln lässt sich zusammenfassend herausstellen, dass sich das Konsumverhalten in Deutschland vor allem in den letzten 50 Jahren sehr verändert hat. In der ersten Zeit nach dem Zweiten Weltkrieg waren alltägliche Konsumgüter Mangelware und die Menschen waren es gewohnt, mit ´wenig´ auszukommen. Die Jahre des Wirtschaftswunders führten dann zu einem neuen Wohlstand und ein verändertes Konsumverhalten entfaltete und verbreitete sich. Dazu trugen einerseits die gestiegenen Einkommen und andererseits das Mehr an Freizeit bei, da Konsum sowohl Geld als auch Zeit benötigt. Heutzutage geben Massenproduktion und Massenkonsum den Ton an und die Devise für Anbieter und Abnehmer lautet gleichermaßen, dass man niemals ´genug von etwas haben kann´.

2.5 Konsumverstärker

In den vorherigen Kapiteln wurde erläutert, wie sich die Konsumgesellschaft in Deutschland entwickelt und entfaltet hat. Nun wird in diesem Kapitel beleuchtet, aus welchen Gründen und mit welchen Intentionen die Menschen kaufen und welchen Beitrag Konsumverstärker dazu leisten.

Im Laufe der Entwicklung der Konsumgesellschaft hat die existenzsichernde Funktion von Produkten abgenommen und die Gütersymbolik zugenommen. Symbolisiert werden sollen gesellschaftlichen Stellungen, soziale Beziehungen und Wünsche.

Der Konsumsoziologe Norbert F. Schneider schreibt in diesem Zusammenhang, dass Konsum zunehmend die Funktion der Identitätsgewinnung und Identitätssicherung für das Individuum hat und der Erwerb, Besitz und die Nutzung von Gütern und Dienstleistungen vielen Menschen Status und Sinn verleihen (Schneider 2000, S.12).

Es ist ersichtlich, dass niemand heutzutage genötigt wird ein Produkt oder eine Dienstleistung zu kaufen. Der Mensch tut es generell freiwillig, aus Gewohnheit, impulsiv und spontan. Der eigentliche Kaufprozess der zum Erwerb eines Produktes führt, besteht aus sechs Phasen: Budgetentscheidung, Produktgruppenentscheidung, Markenentscheidung, Mengenentscheidung, Zeitentscheidung und Einkaufsstättenwahl und wird durch das individuelle Konsumverhalten des Einzelnen beeinflusst. Dieses Konsumverhalten wurde ihm wiederum in gesellschaftlichen Interaktionen durch die Sozialisationsinstanzen- und Agenten Familie und Freunde z. B. beim Einkaufsbummel vermittelt und wird durch so genannte Konsumverstärker gesteuert.

Konsumverstärker sind Instrumente wie Werbung, Verpackungen, Substitute, Surrogate, Imitate und Wegwerfprodukte, die den Zweck erfüllen sollen Kaufanreize bei dem Konsumenten zu schaffen. Die Instrumente werden von Produzenten genutzt um den Absatz zu steigern und den Konsum anzukurbeln (König 2008, S. 44).

Bei der Schaffung von Kaufanreizen spielen die menschlichen Bedürfnisse eine wichtige Rolle. Das Modell der Bedürfnispyramide, das 1943 von dem amerikanischen Psychologen Abraham Maslow veröffentlicht wurde, verdeutlicht in hierarchischen Stufen die menschlichen Bedürfnisse. Maslow ging davon aus, dass erst dann, wenn die jeweils untere hierarchische Ebene befriedigt ist, die nächst höhere für das Individuum von Interesse sein kann. Je stärker das Bedürfnis nach etwas ist, desto höher das Motivationsstreben zur Erfüllung.

Abbildung 1: Bedürfnispyramide nach Abraham Harold Maslow (1908 – 1970)

Quelle: http://www.informatikkaufmann-azubi.de/tagebuch/wp-content/bilder/050825maslow.gif

Der Unterschied zwischen einem Defizitbedürfnis (1.-3. Stufe) und einem Wachstumsbedürfnis (4./5. Stufe) besteht in der physiologischen Begrenzung. Daraus resultiert, dass ein Defizitbedürfnis wie Durst durch die Handlung Trinken gestillt werden kann und kein Mangel mehr besteht, d.h. die Erfüllung dieses Bedürfnisses führt zu keiner weiteren Nachfrage.

Im Gegensatz dazu können Wachstumsbedürfnisse wie der Wunsch nach sozialer Anerkennung und Selbstverwirklichung unendlich gesteigert werden (www.wikipedia.de/maslowschebedürnispyramide).

Es stellt sich die Frage, welche Wirkung der Konsumverstärker Werbung auf die menschlichen Bedürfnisse und demzufolge auf das Konsumverhalten hat?

Grundsätzlich lassen sich zu allen Ebenen der Bedürfnispyramide Verknüpfungen zum Konsum herstellen und vor allem die Marketingaktionen und die Werbung von Unternehmen machen sich dies zu Nutze. Marketing setzt sich aus den Elementen Preispolitik, Produktpolitik, Distributionspolitik und Kommunikationspolitik zusammen, wobei Werbung zu den kommunikativen Instrumenten des Marketings zählt.

Der Wirtschaftswissenschaftler Philipp Kotler definiert Werbung wie folgt: „Die Werbung ist eines der Instrumente der absatzfördernden Kommunikation. Durch Werbung versuchen die Unternehmen, ihre Zielkunden und andere Gruppen wirkungsvoll anzusprechen und zu beeinflussen. Zur Werbung gehört jede Art der nicht persönlichen Vorstellung und Förderung von Ideen, Waren oder Dienstleistungen eines eindeutig identifizierten Auftraggebers durch den Einsatz bezahlter Medien" (www.wikipedia.de/werbung).

Heutzutage ist es kaum mehr möglich Werbung aus dem Weg zu gehen. Es gibt sie in Anzeigenform in Zeitschriften, als visuelle oder auditive Spots in Fernsehen und Radio, als Banner bei Sportveranstaltungen und in vielen weiteren Ausführungen. Sie arbeitet mit intensiven Reizen wie Tönen, Farben, Formen aber auch Emotionen, Informationen und dem Einsatz von bekannten Persönlichkeiten. Ziel ist immer das Interesse des Konsumenten für ein bestimmtes Produkt zu wecken und im besten Fall eine Kaufhandlung herbeizuführen.

In Deutschland gelten gesetzliche Auflagen für Ausstrahlungsdauer- und häufigkeit von Werbung im Fernsehen pro Sendung bzw. Sendezeit. Öffentlich-rechtliche Fernsehsender wie ARD und ZDF dürfen demnach an bundesweiten Feiertagen, an Sonntagen und nach 20 Uhr gar keine Werbung senden und bei nicht öffentlich-rechtlichen Anstalten wie RTL darf die Werbung 20% des Programms bzw. 12 Minuten pro Stunde nicht überschreiten (www.wikipedia.de/fernsehen).

Die Werbeagenturen versuchen in erster Linie ihre Werbung auf die verschiedenen Zielgruppen auszurichten. Die gewonnen Daten aus Einschaltquotenmessungen ermöglichen ihnen eine Tageszeiten und Programmsparten differenzierte Zielgruppenansprache. So hat sich gezeigt, dass Frauen am besten morgens, Männer abends und Kinder an schulfreien Tagen wie z.B. dem Wochenende erreichbar sind. (König 2008, S. 233).

Daher erfreuen sich Werbespots im Fernsehen bei Unternehmen großer Beliebtheit, da hierdurch der überwiegende Bevölkerungsteil erreichbar ist und die Werbemaßnahme eine gezielte Wirkung auf den Konsumenten ausüben kann.

Die Wirkung von Werbung lässt sich mit Hilfe der AIDA - Regel in vier Phasen untergliedern.

- Attention -> Aufmerksamkeit erzeugen
- Interest -> Interesse wecken
- Desire -> Wunsch und Kaufabsicht auslösen
- Action -> (Kauf-)Handlung

Eine Weiterführung des Modells beinhaltet außerdem Kundenzufriedenheit (Satisfaction) und Nachfolgekäufe (Reaction). Die Kenntnis dieser Phasen und die Stufen der Bedürfnispyramide sind bei der Gestaltung von Werbung, bei Verkaufsförderungsaktionen und in Verkaufsgesprächen von besonderer Bedeutung (www.wikipedia.de/aida-regel).

So ist Produzenten beispielsweise bekannt, dass die Defizitbedürfnisse in Industrieländern quantitativ ausreichend befriedigt sind und sie legen daher bei Werbestrategien Wert auf die Verknüpfung ihres Produktes mit ´Selbstverwirklichung´ durch bestimmte qualitative Merkmale.

Als ein Beispiel kann hier wieder das Bedürfnis Durst mit der befriedigenden Handlung Trinken angeführt werden. Seinen Durst kann man mit einfachem Leitungswasser stillen, aber auch mit aromatisiertem Mineralwasser. Daher setzen Unternehmen in diesem Bereich nicht auf den Verkauf von Mengen, sondern auf die Veredelung der Produkte, z.B. mit vermeintlich gesundheitsfördernden Zusätzen und gleichen die Werbemaßnahmen dementsprechend an.

Bei Produkten, die Wachstumsbedürfnisse ansprechen, wird auch mit der Steigerung der bedürfnisbefriedigenden Reize durch Qualität gearbeitet und der Kauf sozialer Anerkennung durch Markenprodukte ist preislich gesehen nach oben praktisch unbegrenzt, da viele Menschen teure Produkte mit einem hohen gesellschaftlichen Status verbinden und dementsprechend bereit sind, diese auch für den teuren Preis zu erwerben (www.sdi-research.at).

In diesem Zusammenhang kann man auch von Geltungskonsum sprechen. Dieser Begriff wurde schon 1899 von dem amerikanischen Ökonomen und Soziologen Thorstein Bunde Veblen in seinem Buch „Theorie der feinen Leute“ geprägt. Darin beschreibt er, dass es Menschen darum geht, neidvolle Vergleiche untereinander zu ziehen und sieht als Hauptantrieb für menschliches Handeln das Streben nach Prestige. Der Konsument kauft ein Produkt um zu zeigen, was er sich leisten kann, um damit zu glänzen und seinen gesellschaftlichen Status darzustellen oder zu erhöhen (Jäkel und Kochhan 2000, S.80).

Mit dem Veblen-Effekt wird daher eine Form des Kaufverhaltens bezeichnet, bei der ein hoher Preis zu einer erhöhten Nachfrage eines Produktes führt. Mögliche Erklärungen hierfür sind, dass der Käufer von einem einzelnen Merkmal auf die Gesamtqualität schließt und ein besonderes Erlebnis mit dem Produkt verbindet (www.wikipedia.de/geltungskonsum).

Folglich ist anzunehmen, dass Werbung Bedürfnisse erzeugen und fördern kann, indem sie durch ausgefeilte Strategien Produkte mit einer Symbolik versieht. Dadurch macht sie diese zu bedeutungsvollen Kaufobjekten für den Konsumenten, da er die Erwartung hat sein Bedürfnis nach Anerkennung und Selbstverwirklichung durch den Kauf zu befriedigen. Er wird in seiner Produktgruppenwahl und Kaufentscheidung maßgeblich beeinflusst.

Die Wirkung von Werbung lässt sich in der Theorie gut nachvollziehen, in der Praxis ist dies oft nicht so leicht. So ist jedem sicherlich schon mal aufgefallen, dass man plötzlich Lust auf

Schokolade oder ein bestimmtes Getränk bekommt ohne genau zu wissen warum. Es könnte sein, dass man genau in dem Moment an einem Werbeplakat vorbeigelaufen ist oder ein Werbespot im Fernsehen gesehen hat. Die Beeinflussung durch die Werbung geschieht also oft unbewusst für den Konsumenten.

Vor allem im Rahmen der Konsumsozialisation spielt der Verstärker Werbung gegenwärtig eine zunehmende und zentrale Rolle, da die heute lebenden Jugendlichen einem viel stärkeren Werbedruck ausgesetzt sind als noch Jugendliche in den 80er Jahren (Brenner-Waas 2006, S.65). So gilt man heutzutage in seiner Peer-Group schnell als out, wenn man nicht das neuste Handy oder den trendigsten MP3-Player besitzt, egal ob man über die finanziellen Mittel verfügt sich einen zu leisten.

Es ist wahrscheinlich, dass das gestiegene Interesse an Konsumgütern, Einkaufsentscheidungen und Verhaltensweisen von Konsumenten 1934 zur Gründung der Gesellschaft für Konsumforschung geführt hat.

Innerhalb Deutschlands erforscht die GfK quantitative und qualitative Konsumtrends und erstellt monatlich einen Konsumklimaindex. Außerdem ist sie für die Messung der Einschaltquoten des Fernsehens bekannt. Die Erhebungen und Analysen werden im Auftrag von Unternehmen durchgeführt und diese nutzen die Ergebnisse dann für das Marketing ihrer Produkte.

2.7 Begleiterscheinungen und Auswirkungen des Konsums

Die Konsumgesellschaft ist durch Massenproduktion und Massenkonsum geprägt und die dahingehenden ambivalenten Entwicklungen bringen sowohl Vorteile als auch Nachteile mit sich. So werden das Wohlstandsniveau, die Vielfalt der Wahlmöglichkeiten und die freie Zugänglichkeit als vorteilhaft hervorgehoben, während vor den Folgen bezogen auf die Umwelt, Gesellschaft und das Individuum gewarnt wird (Schneider 2000, S. 13).

Der Wandel im Produktionsbereich, steigende Einkommen und das expandierende Konsumverhalten der Menschen brachten demnach auch negative Begleiterscheinungen und Auswirkungen mit sich.

Zu den unmittelbaren Folgen des Massenkonsums für die (Um-)Welt gehören unter anderem wachsender Energiebedarf, Ausbreitung des Individualverkehrs, zunehmende Luft- und Umweltverschmutzung, Anstieg der Konsumgüterproduktion und die Zunahme von Verpackungsmaterial und Abfall (Kleinschmidt 2008, S. 159).

Auf der gesellschaftlichen Ebene spielen unter anderem die Gütersymbolik, soziale Ungleichheit, Verbraucherinformation- und Schutz sowie Konsumkritik eine Rolle.

Wie in Kapitel 2.6 beschrieben, haben Konsumgüter einen bestimmten Symbolcharakter, der durch Werbung beeinflusst werden kann und für den Konsumenten hinsichtlich seiner Identitätsgewinnung und der Befriedigung der Wachstumsbedürfnisse von besonderer Bedeutung ist. Dies führt dazu, dass Konsumenten durch den Kauf eines Produktes einen gewissen gesellschaftlichen Status darstellen wollen. Daraus resultiert eine soziale Ungleichheit in der Gesellschaft, da z.B. anhand von der Ausstattung eines Haushaltes mit Unterhaltungselektronik auf deren finanzielle Mittel und gesellschaftlichen Status geschlossen wird.

Aufgrund der ungerechten Informationsverteilung zwischen Produzenten und Verbrauchern wurde vor allem der Verbraucherschutz im Laufe der Zeit zu einem wichtigen politischen Bestandteil der Konsumgesellschaft.

Daher kam es 1964 zur staatlich initiierten Gründung der „Stiftung Warentest“, die durch vergleichende Warentests den Verbrauchern die Möglichkeit gibt, sich über die Qualität der verschiedenen Produkte zu informieren. Auch Verbraucherzentralen in den einzelnen Bundesländern wurden ins Leben gerufen um einen Beitrag zu leisten, die Menschen zu geschützten, informierten und verantwortungsvollen Verbrauchern zu bilden (www.vz-nrw.de).

Mittlerweile haben sich die Informationsmöglichkeiten des Konsumenten in der globalisierten Konsumwelt durch das Internet zunehmend verbessert, sodass die Verantwortung nicht mehr allein beim Produzenten und Staat, sondern auch beim Verbraucher selbst gesehen werden kann (Kleinschmidt 2008, S. 161).

Zudem ist gesellschaftlich ein stetiger Wandel in den Lebensformen und Konsummustern zu beobachten. Den ´typischen´ Konsumenten gibt es nicht, da insbesondere seit Ende des 20. Jahrhunderts eine Individualisierung und Ausdifferenzierung von Konsumententypen stattfindet (Kleinschmidt 2008, S. 162).

Der Punkt ´Konsumkritik´ wird in Kapitel 2.8 seperat behandelt.

Auf der Ebene des Individuums, das zugleich Mitgestalter und Nutznießer der Konsumgesellschaft ist, lassen sich vielfältige negative Folgen erkennen. Dazu zählen unter anderem ernährungsbedingte Krankheiten, psychische Erkrankungen, problematische zwischenmenschliche Beziehungen und bezogen auf die finanzielle Situation Schulden und Armut, wobei in der Praxis letztes durch erstes beeinflusst wird.

Ernährungsbedingte Krankheiten wie Adipositas oder Bluthochdruck entstehen zum Teil durch den vermehrten Konsum von Lebensmitteln und Getränken. Die Bereitstellung eben dieser erfolgt über das vielfältige und reichhaltige Warenangebot einer Konsumgesellschaft. Daher kann sie neben anderen psychischen und physischen Ursachen als Mitverursacher angeführt werden.

Des Weiteren sind Psychologen und Soziologen der Meinung, dass auch psychische Erkrankungen konsumbedingt sein können. Als Indikatoren werden die Suizidrate und die Verbreitung von Süchten, wie Alkohol- oder Kaufsucht genannt.

Kaufsucht äußert sich bei Betroffenen durch das zwanghafte Kaufen von Waren. Diese psychische Störung wird in Kapitel 3 eingehend beschrieben. Auch hierbei spielen das Warenangebot der Konsumgesellschaft, gezielte Werbemaßnahmen und die Gütersymbolik eine Rolle.

Zudem können Schulden und Armut negative Auswirkungen des Lebens in der Konsumgesellschaft darstellen. Die Schulden entstehen oftmals durch unzureichendes Geldmanagement. Die Konsumenten kaufen über ihre finanzielle Möglichkeiten hinaus ein, weil sie entweder keine Ahnung vom richtigen Umgang mit Geld haben oder aufgrund von vielen getätigten Käufen den Überblick darüber verloren haben wie es z.B. auch bei der Kaufsucht der Fall ist.

Die Konsumgesellschaft kann in dieser Hinsicht als Verursacher angesehen werden, da sie durch Einführung von Zahlungsmöglichkeiten wie Zahlung mit EC-Karte, Kreditkarte oder Ratenzahlungen die Konsumausgaben fördert und bei Konsumenten die Bereitschaft erhöht, sich zu verschulden. Auch die Sozialisationsagenten Eltern und Familie sind von Bedeutung, da diese schon in der Kindheit die Grundsteine für einen späteren Umgang mit Geld und Konsum legen.

2.8 Konsumkritik

Die gegenwärtige Konsumkritik richtet sich vor allem auf die Bereiche Kultur, Herrschaft und Natur. Kritiker der heutigen Konsumgesellschaft sehen einen schwerwiegenden Nachteil der selbigen für die Kultur, da diese aufgrund der Masse der Konsummöglichkeiten zu zerfallen drohe. Zudem wird darauf verwiesen, dass ein unstillbares Verlangen nach Gütern und Dienstleistungen in der Natur des Menschen liege und materieller Konsum die Menschen nicht glücklicher mache (König 2008, S. 271).

Im Bereich Herrschaft wird kritisiert, dass der Konsum die Menschen von den „dahinter stehenden industriekapitalistischen Verwertungsinteressen und politischen Herrschaftsverhältnissen“ ablenke und Konsum ein „Mittel zur Stabilisierung der Herrschaft“ sei (König 2008, S. 271).

Ein weiterer Kritikpunkt sind die Folgen des Massenkonsums bezüglich des Naturverbrauches, der Umweltzerstörung und der Nachhaltigkeit. Das Konzept der Nachhaltigkeit beinhaltet ein Konsumverhalten und eine Wirtschaftsweise, die die Bedürfnisse erfüllen ohne die Möglichkeiten künftiger Generationen durch Ausbeutung der natürlichen und gesellschaftlichen Ressourcen zu gefährden.

Die Produzenten und Konsumenten tragen durch die heutige verschwenderische Lebensweise maßgeblich zur Umweltzerstörung bei. Güter und Produkte werden produziert nach dem Motto „nach uns die Sintflut“ und Konsumenten kaufen diese, obwohl sie oftmals nicht von Nöten sind und keinem wirklichen Nutzen dienen um nach kurzer Verbrauchs- oder Gebrauchszeit weggeworfen oder im Keller vergessen zu werden. Dadurch wird die Zunahme von Energiebedarf, Schadstoffemissionen, Wasserverschmutzung und Abfallmengen gefördert.

Der Wirtschaftswissenschaftler Gerhard Scherhorn ist seit 2005 Leiter der Forschungsgruppe „Nachhaltiges Produzieren und Konsumieren“ am Wuppertal-Institut und kritisiert in dem Zusammenhang, dass solange die Technik immer mehr Elektrosmog, immer mehr Verbundstoffe, immer mehr Wegwerfprodukte erzeuge, sei es eine unangemessene Erwartung, dass die Mehrheit der Konsumenten sich die Mühe machen würden, naturverträglich damit umzugehen. Seiner Meinung nach, ergibt sich durch Produktion und Konsumtion im Einklang mit der Natur keineswegs ein kargeres Leben, sondern ein ganzheitlicheres und befriedigenderes Leben (Scherhorn 2003, S. 4/5).

John de Graaf, Davin Wann und Thomas Naylor haben mit ihrem Buch „Affluenza-Zeitkrankheit Konsum“ einen weiteren Kritikpunkt vorgelegt. Affluenza ist ein Kunstwort und setzt sich aus Influenza, dem medizinischen Begriff für eine Infektionskrankheit und dem englischen Wort Affluence (deutsch: Wohlstand, Reichtum, Überfluss) zusammen.

Unter Affluenza wird demnach die Überflusskrankheit oder die Zeitkrankheit Konsum, die durch Gier nach immer mehr materiellen Gütern hervorgerufen wird, verstanden. Zu den Symptomen zählen Überproduktion von Waren, große Müllmengen, Angstzustände, Gefühle der Entfremdung und Verzweiflung sowie Schulden bei den Betroffenen. Nach Ansicht der Autoren ist die Krankheit durch Abstinenz vom Konsum heilbar (de Graaf, Wann, Naylor, 2002).

Der Konsumhistoriker Wolfgang König beschreibt die Problematik der möglichen Sättigungserscheinungen in der Konsumgesellschaft und stellt die Frage, ob es Begrenzungen für die Ausstattung mit materiellen Dingen und die Nutzung von Dienstleistungen gibt. Er vertritt die Meinung, dass Konsum Zeit und Geld benötige und beide Mittel nicht mehr so verfügbar seien wie noch vor ein paar Jahren. Für das Individuum ließen sich demnach finanzielle und zeitliche Grenzen und für die Weltgesellschaft Grenzen in der Belastbarkeit identifizieren. Des Weiteren führt er an, dass heute ein Viertel der Weltbevölkerung drei Viertel der Ressourcen verbrauche und drei Viertel des Abfalls und Emissionen erzeuge und formuliert abschließend, dass man davon ausgehen müsse, dass die Konsumgesellschaft an ihre Grenzen angelangt sei und noch nicht zu erkennen sei, was sich hinter dieser Grenze verbirgt (König 2008, S.277).

Das Kapitel 2 hat einen Einblick in die Geschichte der Konsumgesellschaft, ihre Merkmale, ihre Verstärker und die Auswirkungen gegeben. Im folgenden Kapitel 3 wird eine dieser Auswirkungen, die Kaufsucht, vorgestellt und herausgestellt, welche Zusammenhänge zwischen den beiden Themenkomplexen bestehen und inwieweit die Konsumgesellschaft die Entstehung der Kaufsucht begünstigt.

3 Kaufsucht

3.1 Definition Sucht

Um sich der Kaufsucht nähern zu können, sollte zunächst einmal der Begriff Sucht im Allgemeinen definiert werden.

Der Begriff Sucht stammt vom Wort „siechen“ ab und wurde früher benutzt um das Leiden an einer meist körperlichen Krankheit zu beschreiben, wie z.B. Schwindsucht (Tuberkulose). Später wurde Sucht vermehrt im Zusammenhang mit psychischen Erkrankungen verwendet.

Die Weltgesundheitsorganisation (WHO) hat Sucht 1957 folgendermaßen definiert: „Sucht ist ein Zustand periodischer oder chronischer Vergiftung, hervorgerufen durch den wiederholten Gebrauch einer natürlichen oder synthetischen Droge“ (www.suchthilfe-wetzlar.de).

Im Jahr 1969 wurde die Bezeichnung Sucht von der Weltgesundheitsorganisation durch die Begriffe Missbrauch und Abhängigkeit ersetzt, da man der Meinung war, dass ´Sucht´ zu unspezifisch sei, die betroffenen Patienten dadurch stigmatisiert würden und der Begriff Sucht dem Leidensdruck der Betroffenen nicht gerecht würde (www.wikipedia.de/sucht).

Heutzutage spielt in der Medizin und Wissenschaft vor allem der Begriff Abhängigkeit eine zentrale Rolle. Im Bereich des öffentlichen Lebens und der Medien ist dagegen der alte Begriff Sucht weiterhin präsent und wird häufig benutzt um psychischen Krankheiten oder Störungen einen Namen zu geben, z.B. Drogensucht, Alkoholsucht und Kaufsucht.

In der internationalen statistischen Klassifikation der Krankheiten und verwandter Gesundheitsprobleme (Version 2009) wird das Abhängigkeitssyndrom wie folgt definiert: „Eine Gruppe von Verhaltens-, kognitiven und körperlichen Phänomenen, die sich nach wiederholtem Substanzgebrauch entwickeln. Typischerweise besteht ein starker Wunsch, die Substanz einzunehmen, Schwierigkeiten, den Konsum zu kontrollieren, und anhaltender Substanzgebrauch trotz schädlicher Folgen. Dem Substanzgebrauch wird Vorrang vor anderen Aktivitäten und Verpflichtungen gegeben. Es entwickelt sich eine Toleranzerhöhung und manchmal ein körperliches Entzugssyndrom.

Das Abhängigkeitssyndrom kann sich auf einen einzelnen Stoff beziehen (z.B. Tabak, Alkohol oder Diazepam), auf eine Substanzgruppe (z.B. opiatähnliche Substanzen), oder auch auf ein weites Spektrum pharmakologisch unterschiedlicher Substanzen. Inkl.: Chronischer Alkoholismus, Dipsomanie, Nicht näher bezeichnete Drogensucht" (www.dimdi.de).

Mit Siechen als Ursprung des Terminus Sucht lässt sich der Prozess des Abhängigwerdens gut beschreiben, da dieser nicht von heute auf morgen sondern schleichend verläuft. Meistens fängt es mit einem harmlosen Gebrauch an und dieses Verhalten entwickelt sich dann über einen längeren Zeitraum zu Abhängigkeit und Sucht, zu dessen Entstehen eine Vielzahl von psychischen und physischen Ursachen beitragen.

Sucht sollte nicht mit kompensatorischem Verhalten oder der Gewohnheit etwas zu konsumieren verwechselt werden, da es sich hierbei um eine psychische Störung handelt, die sich aus verschiedenen Ursachen und Symptomen zusammensetzt, die in ihrem Zusammenspiel letztlich zu einer Abhängigkeit führen.

Der Begriff Abhängigkeit lässt sich in stoffgebunden und stoffungebunden untergliedern.

Stoffgebundene Abhängigkeit ist der „krankhafte Drang nach dem Genuss eines Rauschmittels", z.B. Alkohol, Drogen oder Nikotin und stoffungebundene Abhängigkeit wird als „krankhaftes Verlangen nach bestimmten Handlungen" definiert, z.B. Spielsucht oder Kleptomanie.

Die Frage, wonach jemand süchtig ist, lässt sich nicht so einfach klären, da man nicht nach dem Suchtmittel süchtig ist, sondern nach dem „Suchterleben".

Es gibt verschiedene Arten von Suchtmittel, z.B.:

- „Stoffe, die dem Körper zugeführt werden, wie Drogen, Arzneimittel, alkoholische Getränke, Nikotin, Kaffee, Nahrung
- Objekte, die der Süchtige sich aneignet, wie Kleidungsstücke, Vorräte an Nahrungs- und Genussmitteln, Gegenstände der persönlichen Ausstattung, Bücher, Sammelobjekte,
- Verhaltensweisen mit anregender oder ablenkender Wirkung wie Spielen, Lesen, Musikhören, Fernsehen, Lieben, Arbeiten, Kaufen" (Scherhorn, Reisch, Raab 1991 S.29).

Das Ziel von süchtigem Verhalten ist einerseits Lustgefühle wie Freude und Glück herbeizuführen und/oder Unlustgefühle wie Frust und Wut zu vermeiden.

Schwächeres Suchtverhalten kann auch mit dem Begriff ´kompensatorisches Verhalten´ bezeichnet werden. „Kompensatorisch nennen wir ein Verhalten, wenn es nicht (vorrangig) den Zwecken dient, denen das gleiche Verhalten normalerweise gewidmet ist, sondern Defizite kompensieren soll, die aus dem Nicht-Lösen ganz anderer Probleme entstanden ist" (Scherhorn, Reisch, Raab 1991 S. 4).

3.2 Eingliederung der Kaufsucht in die Suchtkrankheiten

„Die Kaufsucht (fachspr. Oniomanie, von griech. *onios* = „zu verkaufen" [...]) ist eine psychische Störung, die sich als zwanghaftes, episodisches Kaufen von Waren und Dienstleistungen äußert. Sie wird ähnlich wie die Spielsucht oder die Arbeitssucht nicht als eigenständige Krankheit gesehen, sondern zu den Zwangsstörungen gerechnet [...], manchmal auch zu den Impulskontrollstörungen [...]" (www.wikipedia.de/kaufsucht).

Wie schon bereits im Kapitel 2.3 beschrieben, ist Kaufsucht kein neues Phänomen der modernen Konsumgesellschaft. Schon Anfang des 20. Jahrhunderts wurde die Oniomanie von dem deutschen Psychiater Emil Kraeplin erstmals als „krankhafte Kauflust, die den Kranken veranlasst, sobald sich ihm die Gelegenheit dazu bietet, ohne jedes wirkliche Bedürfnis in großen Mengen einzukaufen", beschrieben ((http://internet.magnus.de).

Er grenzte diese Kauflust von krankhaften Sammlern ab, die auch viel Geld und Zeit in ihre Marotte stecken, aber im Gegensatz zu einem Kaufsüchtigen, der kein Interesse mehr an den gekauften Dingen hat, liebt der Sammler seine gesammelten Objekte (www.presse.dak.de).

Es ist auch wichtig, kaufsüchtiges Verhalten gegenüber kompensatorischem Verhalten abzugrenzen, da dies nicht immer ´süchtig sein´ bedeutet. „Kompensatorisches Kaufen kann beispielsweise die Funktion haben, dem Käufer über beruflichen Stress oder private Enttäuschung hinwegzuhelfen. Das Gut wird dann nicht (oder nicht in erster Linie) um seines Gebrauchswertes willen gekauft, sondern um der Befriedigung willen, die der Kaufakt selbst dem Käufer verschafft, und zugleich in der Erwartung, dass diese Befriedigung einen Ausgleich für die Frustration bieten möge, die durch das unbewältigte Problem hervorgerufen wurde" (Scherhorn, Reisch, Raab 1991 S. 4).

Suchtverhalten liegt vor, wenn eine Person regelmäßig nach den Lustempfindungen strebt, die die Kompensation durch Konsumaktivitäten mit sich bringt und er/sie keine andere Möglichkeit des Ausgleichs mehr wahrnimmt.

In den letzten Jahren trat das Thema vermehrt in den Blickpunkt der Wissenschaft, da sich im Laufe der Zeit die Anzahl der Betroffenen, die Probleme mit der Steuerung ihres Kaufverhaltens hatten, stetig erhöhte.

Kaufsucht lässt sich den stoffungebundenen Abhängigkeiten zu ordnen, d.h. die Abhängigkeit bezieht sich nicht auf einen bestimmten Stoff oder ein bestimmtes Produkt, sondern auf eine bestimmte Verhaltensweise, in diesem Fall das Kaufen von Waren und Dienstleistungen und die damit verbundene Stimulation oder Beruhigung.

Es ist also die Kaufhandlung an sich, die Befriedigung verschafft, weniger der Besitz oder das Verkonsumieren der erworbenen Produkte.

Das Suchtmittel Kaufen kann verschiedene Wirkungen auf die Betroffenen der Kaufsucht haben. So kann das süchtige Kaufen vor Langeweile schützen, da der Rausch des Kaufens den Reiz des Besonderen in sich birgt und die Aktivität negative Gefühle verdeckt.

Es kann als Tranquilizer dienen und eine beruhigende Wirkung ausüben um Gefühle der Angst und depressive Verstimmungen zu unterdrücken.

Andererseits kann es auch als Aufputschmittel wirken, weil es zu Glücksgefühlen und einem Ausbruch aus dem Alltagsleben verhelfen kann.

Außerdem kann Kaufen der Selbstbestätigung nützlich sein, indem es als „Symbol für selbständiges, kompetentes Entscheiden", als „Symbol für Überfluss und ein intensives

Leben", als „emotionale Unterstützung" und als „Bestärkung einer unsicheren Identität" empfunden werden kann.

Des Weiteren dient es als Ersatz für Anerkennung, als Schutz vor einer inneren Leere und Minderwertigkeitsgefühlen, als Belohnung und Trost (Reisch, Neuner, Raab 2004, S. 18).

3.3 Entstehung der Kaufsucht

An der Entstehung der Kaufsucht können eine Reihe von biologischen, psychologischen und sozialen Faktoren beteiligt sein, auf die im Folgenden genauer eingegangen wird.

3.3.1 Genetische Ursachen

Die Forscher und Wissenschaftler sind sich bis heute uneinig darüber, ob die Vererbung bei der Entstehung der Kaufsucht eine Rolle spielt.

Laut den Ergebnissen, der im Jahr 1991 durchgeführten Hohenheimer Kaufsuchtstudie von Scherhorn, Reisch und Raab ist eine genetische Vererbung der Kaufsucht von einem Familienmitglied zum anderen weder widerlegbar noch beweisbar. Grundsätzlich ist es falsch anzunehmen, dass die genetische Übertragung die einzige Ursache ist.

Es scheint durchaus möglich zu sein, dass eine Disposition für Suchtverhalten auch durch ererbte Eigenschaften mitbestimmt wird, da sich bei einigen Studienteilnehmern eine familiäre Häufigkeit beim Auftreten der Kaufsucht zeigte. Allerdings konnte dieser Umstand auch in den Familien Nicht-Kaufsüchtiger nachgewiesen werden (Scherhorn, Reisch und Raab 1991, S. 68).

3.3.2 Neurotransmitter Dopamin und Serotonin

Es gibt Hinweise darauf, dass Kaufsucht genauso wie andere Suchterkrankungen, einen physiologischen Hintergrund haben kann.

Wissenschaftler haben festgestellt, dass bei suchtkranken Menschen das Volumen des präfrontalen Cortex häufig geringer ist und er weniger gut durchblutet wird als der von gesunden Versuchspersonen (Karsten 2008, S. 61).

Der präfrontale Cortex, oder auch Frontallappen des Gehirns, steuert die kognitiven Prozesse in der Art, dass situationsgerechte Handlungen ausgeführt werden können. Eine Schädigung kann unter anderem zu ungenügender Aufmerksamkeit, ungenügender Berücksichtigung von Handlungskonsequenzen und ungenügender Regelbeachtung und zu Regelverstößen führen (www.wikipedia.de/frontallappen).

Möglicherweise kann damit erklärt werden, warum es Kaufsüchtigen schwerer fällt, ihren Impulsen zu widerstehen und ihr Verhalten zu kontrollieren und zu reflektieren.

Man weiß heute auch, dass der Neurotransmitter Dopamin, der beim Erleben von glücklichen Erlebnissen ausgeschüttet und im Volksmund auch als „Glückshormon" bezeichnet wird, eine wichtige Rolle bei der Entstehung einer Sucht spielt.

Drogen wie Kokain und Cannabis gelten auch als psychotrope Substanzen, weil sie auf die Funktion des zentralen Nervensystems einwirken und das psychische Empfinden verändern können. Wenn eine solche Droge dem Körper zugeführt wird, entsteht ein angenehmes Gefühl, das zur Hirnrinde und zum Gedächtnis rückgekoppelt wird. Das System verstärkt sich selbst und Dopamin wird ausgeschüttet. Daraufhin wird im Zusammenhang mit der Droge das Sehen eines Reizes an frühere angenehme Erfahrungen gekoppelt. Das führt dann zu einer positiven Beurteilung und schönen Gedanken, wodurch die limbischen Dopaminsysteme aktiviert werden und das Gefühl von Gier und Lust zunimmt und es zu einem unbezwingbaren Verlangen kommt (www.medizininfo.de).

Die Forscher vermuten, dass eine verringerte Anzahl von bestimmten Dopaminrezeptoren zu einer Sucht führen kann. Die Drogeneinnahme fungiert in dem Fall als Selbstmedikation, da das Gehirn selbständig nicht in der Lage ist zu genießen. Sie vermuten weiterhin, dass hinsichtlich der Dopaminsysteme für Drogenkonsumenten das gleiche gilt wie für Betroffene von anderem zwanghaften Verhalten. Diese Annahmen könnten erklären, warum manche Menschen empfänglicher für Süchte zu seien scheinen als andere (Karsten 2008 S.54/55).

Auch dem Neurotransmitter Serotonin wird bei der Entstehung von Sucht eine Bedeutung zugeschrieben. Serotonin verursacht eine Verengung der Blutgefäße und wirkt damit blutdruckerhöhend. Die Wirkung kann ähnlich der von Adrenalin sein (Karsten 2008, S. 59).

Außerdem hat Serotonin im zentralen Nervensystem Einfluss auf die Stimmungslage, auf den Schlaf-Wach-Rhythmus, auf die Nahrungsaufnahme, auf die Schmerzwahrnehmung und auf die Körpertemperatur (www.wikipedia.de/serotonin).

Es ist seit langem bekannt, dass eine verminderte Produktion von Serotonin eine Ursache der Entstehung von Depressionen sein kann.

Im Zusammenhang mit Alkohol konnte in Tierversuchen außerdem festgestellt werden, dass ein Mangel an Serotonin Suchtverhalten fördert. Ein erhöhter Serotoninspiegel führt demnach zu einer geringeren Aufnahme von Alkohol. Daher ist es wahrscheinlich, dass wenig Serotonin die Suchtentwicklung fördert (www.medizininfo.de).

Laut dem amerikanischen Wissenschaftler D.W. Black gibt es einen Zusammenhang zwischen zwanghaftem Kaufen und einem Serotoninmangel und er ist der Meinung, dass Medikamente, die den Serotoninpegel stabil halten, manchen Patienten helfen können, ihren Kaufzwang zu überwinden (Karsten 2008, S. 60/61).

3.3.3 Erziehung und Elternhaus

Der Erziehung und dem Einfluss der Eltern wird bei der Entstehung der Kaufsucht eine vordergründige Rolle zugesprochen, da bereits in der Kindheit der Grundstein für eine spätere Gefährdung gelegt werden kann.

Die Tiefeninterviews der Hohenheimer Kaufsuchtstudie zeigten, dass Kaufsüchtige ein wesentlich schwächeres Selbstwertgefühl als der Durchschnitt der Konsumenten haben. Dies führen die Forscher auf eine Störung der Autonomie zurück. Die Entwicklung der Autonomie, die Entfaltung des Selbst, erfolgt nach ihren Vorstellungen dadurch, dass ein Mensch sich in drei Dimensionen frei erleben und unbeeinträchtigt entwickeln kann: „im Erleben eigener Gefühle, in der Entwicklung eigener Fähigkeiten und im Fällen eigener Entscheidungen". Störung meint in diesem Fall eine Behinderung der Entwicklung in mindestens einer der drei Dimensionen (Scherhorn, Reisch und Raab 1991 S. 57).

Die Forscher der Hohenheimer Kaufsuchtstudie sind daher der Meinung, dass der Prozess, der zur Suchtstruktur führt, als Lernprozess aufgefasst werden kann, da der Betroffene als Kind verlernt die Komponenten der Autonomie zu entwickeln. Das ist zum einen die Fähigkeit eigene Gefühle als „Bestandteil des eigenen Selbst zu erleben und beim Denken und Handeln im Einklang mit ihnen zu sein" (Shapiro 1981 zitiert nach: Scherhorn, Reisch, Raab 1991 S. 65). Und zum anderen die „intrinsische Motivation zur kompetenten und selbstbestimmten Auseinandersetzung mit der Umwelt (Deci 1975 zitiert nach: Scherhorn, Reisch, Raab 1991 S.65).

Die Folgen einer solchen Störung der Autonomie sind „geschwächtes Selbstwertgefühl, mangelndes Selbstvertrauen und fehlende Selbstliebe. Die Person macht deshalb ihren Selbstwert von der Anerkennung anderer abhängig [...]" (Stihler 2000, S.179).

Durch Aussagen der Eltern wie „Das darfst du doch nicht", „Das kannst du nicht"; „Du bist noch zu klein"; „Das schaffst Du nicht" und den daraus resultierenden Empfindungen bei den Betroffenen „Man durfte nie sagen, was man denkt"; „Es war ihnen egal, was ich tat oder ließ"; „Ich musste immer still und höflich sein"; lässt sich erkennen, dass diesen oftmals der Ausdruck ihrer eigenen Gefühle und das Bedürfnis nach Zuneigung verweigert wurde.

Des Weiteren entstehen durch in der Kindheit erlebte Überbehütung, Bevormundung und Erziehung zur Inkompetenz im Erwachsenenleben Versagensängste, wenn es darum geht, Aufgaben zu übernehmen und Angst engere Beziehungen zu anderen Menschen einzugehen, weil man enttäuscht werden könnte.

Den Betroffenen wird in ihrer Kindheit häufig das Gefühl vermittelt, dass für die Eltern ´Sachen´ wie Möbel, Kleider, Autos und Fernseher wichtiger sind und ihre Belange hinter diesen zurücktreten müssen. Dadurch entwickelt der Betroffene in späteren Jahren das Bedürfnis die Dinge zu besitzen, die eine so große Bedeutung für seine Eltern hatten (Scherhorn, Reisch, Raab 1991 S. 75.)

Nichtsdestotrotz ist es falsch anzunehmen, dass die Kindheit allein zur Entstehung der Suchtstruktur beiträgt. Diese entsteht zwar einerseits durch das Einwirken langjähriger Einflüsse und der Grundstein der Selbstwertschwäche liegt oftmals in der Kindheit der Betroffenen begründet, dennoch kommen im Erwachsenenalter Umstände hinzu, die die gleiche Wirkung haben und letztendlich den Ausbruch der Kaufsucht auslösen können.

Daher ist es nicht richtig, den Eltern die alleinige Schuld an der Entstehung der Kaufsucht zuzuweisen.

3.3.4 Bestimmte Lebenssituationen und Traumatische Erlebnisse

Nicht immer hat die Kaufsucht ihren Ursprung in der Kindheit und Jugend.

Auch Veränderungen der Lebensumstände sowie traumatische und einschneidende Ereignisse, insbesondere im Erwachsenenalter, können eine psychische Störung auslösen. So wird z.B. von Betroffenen berichtet, die nach der Trennung vom Partner, nach dem Tod eines Familienmitgliedes, nach sexuellem Missbrauch oder nach Verlust des Arbeitsplatzes ein pathologisches Kaufverhalten entwickelt haben.

Aber auch Beziehungsprobleme, Angstgefühle, körperliche Erkrankungen oder einfach pure Langeweile können der Auslöser sein (www.zdf.de).

3.3.5 Gesellschaftliche und kulturelle Einflüsse

Die gesellschaftlichen und kulturellen Einflüsse können als weitere Faktoren für die Entstehung der Kaufsucht angesehen werden.

Als ein Faktor können die Meme genannt werden. Hiermit sind „der kulturellen Evolution zugrunde liegenden Informationseinheiten, gemeint. Meme sind beispielsweise Produktionsverfahren, Elemente der Kleidermode, Bauformen, Melodien, Begriffe, Ideen, Theorien, Glaubenssätze, Leitbilder [...] und werden von Gehirn zu Gehirn durch Lernvorgänge weitergegeben" (Scherhorn, Reisch, Raab 1991 S. 68).

Meme können Leitvorstellungen sein, z.B. „wie Kinder sind und wie sie sein sollten, wie man sie behandeln muss, wie man mit Enttäuschungen, Konflikten, Gefühlen umgeht, welches die Rechte des Mannes und die Pflichten der Frau sind [...] und sie können Suchtanfälligkeit bewirken, wenn sie in einer Weise vermittelt werden, die Menschen die emotionale Selbständigkeit verwehrt und sie zur Inkompetenz erzieht (Scherhorn, Reisch, Raab 1991 S. 69).

Wir leben in einer Gesellschaft, die uns einerseits viele Möglichkeiten bietet und uns andererseits zu leistungsfähigen, anpassungsbereiten und kaufwilligen Menschen formt. Das Konsumieren und Kaufen spielt dabei eine zentrale Rolle und besitzt einen hohen Symbolgehalt. Es ist in, kurbelt die Wirtschaft an und gehört zum täglichen Leben wie Essen und Schlafen. Der Besitz von bestimmten Waren und Dienstleistungen ist ein Muss um seine Identität zu unterstreichen. Das Kaufen symbolisiert „Belohnung, Größe, Selbständigkeit, Fülle" und Sicherheit und ist Teil eines umfassenderen Systems von Einflüssen, denen jedes Mitglied unserer Gesellschaft mehr oder weniger folgt. Bei der Mehrheit der Konsumenten ruft diese Symbolik eine Neigung zu kompensatorischem Verhalten hervor und eine Minderheit wird dadurch so stark beeinflusst, dass sie mit Kaufsucht reagiert (Scherhorn, Reisch, Raab 1991, S. 69).

Die Symbolik des Kaufens hat demnach eine große Wirkung auf die Menschen im Allgemeinen, welche Bedeutung die Symbolik für Kaufsüchtige hat, lässt sich an Aussagen der Betroffenen in der Hohenheimer Kaufsuchtstudie erkennen.

So haben 70% der befragten kaufsüchtigen Teilnehmer bezüglich dem Symbolbild ´Belohnung´ das Gefühl, dass „Kaufen ein Ersatz für Zuwendung" und eine „Belohnung ist, die ihnen entweder geschenkt wird oder die sie sich verdient haben, durch Leistung oder Entbehrung". Sie empfinden „im Kaufen Trost" und gönnen sich selber etwas „Gutes", indem sie sich selbst beschenken.

„Zwei Drittel der Befragten finden im Kaufen Bestätigung durch bewusste oder unbewusste Größenvorstellungen. Sie erleben Ersatz für Anerkennung, fühlen sich erhöht, einer exklusiven Gruppe zugehörig, auf gehobenem Niveau, von gutem Geschmack, träumen sich reich und gutaussehend“ (Scherhorn, Reisch, Raab 1991 S. 70).

Für 60% der Betroffenen hat das Kaufen als Symbol für „selbständiges Entscheiden“, „für Freiraum und Freiheit“ eine enorme Wichtigkeit.

Zwei Drittel verbinden Kaufen mit Fülle durch einen erlebten „Ausgleich für erlittene Entbehrungen und Benachteiligungen“ und es symbolisiert für sie „Überfluss und intensives Leben“ (Scherhorn, Reisch, Raab 1991 S. 71).

Zudem bietet das Kaufen für viele der Befragten Sicherheit. „Schon in der Vorliebe für Fülle, drückt sich die Angst aus, zu kurz zu kommen. Bei vielen Kaufsüchtigen ist darüber hinaus eine starke Tendenz spürbar, sich gegen Mangel und Enttäuschung zu schützen“ (Scherhorn, Reisch, Raab 1991 S. 72).

Die Symbolik des Kaufens durch oben beschriebene Leitbilder wie Größe, Fülle und Sicherheit kann also dazu beitragen, dass ein Kompensationsbedürfnis aufgrund erlebter Missstände auf das Kaufen übertragen und durch die Kaufhandlung gestillt wird.

Kaufsüchtige geben an am Kaufen zu lieben „dass die Befriedigung sofort, zuverlässig und berechenbar eintritt, dass es sie davor schützt, „nichts da zu haben“, dass sie sich darin einmauern können, dass es einem Hang zur Perfektion nahe kommt“ (Scherhorn, Reisch, Raab 1991 S. 72).

In der Öffentlichkeit ist Kaufsucht zwar relativ bekannt, wird aber nicht als ernsthafte psychische Störung mit suchttypischem Verhalten wahrgenommen. Dazu trägt vor allem auch der gesellschaftliche Stand des Kaufaktes und dessen Bedeutung für die Wirtschaft bei.

Im Gegensatz „zu anderen Süchten, die mehr oder weniger sozial geächtet sind und normabweichendes Verhalten darstellen, ist Kaufen - auch übermäßiges und kompensatorisches Kaufen – grundsätzlich gesellschaftlich erwünscht“ (Reisch, Neuner, Raab 2004 S.18).

Hinsichtlich der Gütersymbolik spielen Werbemaßnahmen eine große Rolle.

Die Werbung, selber ein Produkt der Konsumgesellschaft, in Fernsehen, Radio und Zeitschriften vermittelt jeden Tag aufs Neue, dass gewisse Produkte und Dienstleistungen unumgänglich sind um ein schönes Leben zu führen. In Verbindung mit berühmten Persönlichkeiten, die vormachen, wie reich, schön und glücklich man sein kann, verführt einen die Werbung geradewegs zum Kaufen. In diesem Umfeld ist es nicht leicht, auch als gesunder Mensch, Kaufangeboten zu widerstehen.

Die Werbung versieht die Produkte demnach mit einem bestimmten Symbol, das wiederum die Käufer anregt zu kaufen.

Durch die Einführung von TV- und Internetshops wurde die Anonymität des Einkaufens verstärkt und macht es leicht mit einer psychischen Störung, wie der Kaufsucht nicht allzu schnell aufzufallen.

Auch die Möglichkeit mit einer EC-Karte zu bezahlen nach dem Motto „Heute kaufen und später bezahlen" erleichtert dieses Verhalten ungemein und trägt dazu bei, dass Menschen den Überblick über ihre finanzielle Lage verlieren.

Dazu stellte Prof. Dr. Gerhard Raab von der Fachhochschule Ludwigshafen in einer experimentellen Untersuchung mit 104 Person fest, dass die Versuchspersonen mit Kartenzahlung höhere Ausgaben tätigten als die Versuchspersonen, die mit Bargeld bezahlten. Er kam zu dem Schluss, dass kartengestützte Zahlungssysteme den Einstellungen von Kaufsüchtigen zum Geld entgegen kommt, da sie das Kreditpotential für konsumtive Ausgaben erhöhen, dem Konsumenten ein Gefühl von Anerkennung und Beachtung während des Kaufens vermitteln und die Ausgabenkontrolle erschweren (www.landestelle-berlin.de).

3.3.6 Geschlechtsspezifische Unterschiede in den Motivationen

Zudem gibt es geschlechtsspezifische Unterschiede in den Motivationen der Kaufsucht unter dem Aspekt von gesellschaftlichen Leit- und Rollenbildern. So sind folgende spezifische Motivationen bei Frauen zu erkennen:

- Frauen sind die traditionellen Einkäufer: Das Einkaufen bietet ihnen einen der wenigen Bereiche, in denen sie traditionell Wertschätzung erwerben können.
- Das Streben nach Schönheit und Status: Frauen versuchen ihr Image zu verbessern, indem sie versuchen äußerlich den gesellschaftlichen Erwartungen zu entsprechen.
- Man gönnt sich ja sonst nichts: Das Einkaufen dient der materiellen Belohnung für die Neigung zur Selbstaufopferung.

- Das soziale Netz: Das (gemeinsame) Einkaufen dient zur Pflege sozialer Kontakte oder aber das Verkaufspersonal als Ersatz für den Freundeskreis.
- Zeichen der Liebe und Freundschaft: Geschenke für andere und sich selbst dienen als Zeichen und Ersatz für Zuneigung.
- Macht: Bezahlen oder einen Scheck unterschreiben kann die Teilhabe an Macht kennzeichnen.

Mohr Catalano & Sonenberg nennen folgende spezifische Motivationen bei Männern:

- Symbole für Reichtum und Erfolg: Männer konsumieren, um ihre Position und ihr Einkommen zu demonstrieren ("demonstrativer Konsum" nach Veblen).
- Symbole für Freizeit und Muße: Der Konsum von Hobby-Artikeln dient dem "demonstrativen Müßiggang" nach Veblen. Man zeigt, dass man Geld und Zeit hat und über Genussfähigkeit verfügt.
- Der Lohn der Mühe: Man belohnt sich für die harte Arbeit des Tages.
- Charisma frei Haus: Mit dem Kauf von Gütern wird der Erwerb von bestimmten Attributen verbunden; z.B. das Cabrio assoziiert den verführerischen Mann.

(Mohr Catalano & Sonenberg 1996 zitiert nach: www.landestelle-berlin.de)

Hinsichtlich der Entstehung der Suchtstruktur lässt sich zusammenfassend darstellen:

- „Eine gestörte psychische Entwicklung ist nicht Resultat von früher, sondern von kontinuierlicher Erfahrung“ (Ernst, v. Luckner 1985 zitiert nach Scherhorn, Reisch, Raab 1991 S. 66). Die Kindheit allein trägt also nicht zur Entstehung bei, sondern vielmehr das Erleben von gleichen Erfahrungen auch im Erwachsenenalter, die dann verstärkend wirken. Das kann z. B. das Erleben einer unglücklichen Ehe sein.
- Vor allem im Erwachsenenalter ist nicht die Familie allein Verstärker. Weitere Einflüsse aus dem gesellschaftlichen Umfeld durch Peer-Group, Arbeitskollegen und dem Erleben von Schicksalsschlägen spielen eine Rolle.
- Weiterhin sind Süchtige nicht nur Opfer von Umständen, „denn es ist eine Sache, dass auf einen Menschen bestimmte Einflüsse übertragen werden, und es ist eine andere Sache, dass er etwas daraus macht, und was“ (Scherhorn, Reisch, Raab 1991 S. 67).

3.4 Häufigkeit/Ausprägung

Kaufsucht ist eine psychische Störung, die in allen Einkommens- und Bildungsschichten, in allen Altersgruppen und bei beiden Geschlechtern zu finden ist. Entgegen der öffentlichen Meinung, handelt es sich hierbei nicht um ein typisch weibliches Phänomen. Das alltägliche Einkaufen liegt zwar immer noch hauptsächlich in Frauenhand, dennoch sind auch Männer betroffen.

Im Oktober 1991 wurde von der Universität Stuttgart-Hohenheim die erste europäische Studie zur Kaufsucht durchgeführt und damit Fragestellungen nachgegangen, ob Kaufsucht in Deutschland nachweisbar ist und wie man sie messen kann.

Die Kaufsuchtgefährdung kann mit dem von der Universität entwickelten und international anerkannten Hohenheimer Kaufsuchtindikator ermittelt werden. Dies ist ein Fragenkatalog mit 16 Fragen und einer vierstufigen Antwortskala.

Aus den Antworten wird ein so genannter GABS-Score (German Addictive Bying Scale) gebildet, der über das Ausmaß der Kaufsuchtgefährdung Auskunft gibt. Bei der Kaufsuchtgefährdung wird zwischen einer deutlichen und starken Ausprägung unterschieden.

Der testkritische Wert dieser von 16-64 Punkten laufenden Skala liegt bei 45. Alle diejenigen, die einen Skalenwert von 46 und mehr erreichen, gelten hiernach als kaufsüchtig (Lange 2004, S.135).

Die Auswertung der Studie von 1991 zeigte, dass ca. fünf Prozent der erwachsenen westdeutschen Bevölkerung und ca. ein Prozent der ostdeutschen Bevölkerung als „stark kaufsuchtgefährdet“ bezeichnet werden müssen. Von den fünf Prozent in den alten Bundesländern waren wiederum 60% Frauen und 40% Männer.

Tabelle 1: Der Hohenheimer Kaufsuchtindikator

	trifft nicht zu	trifft zu
1. Wenn ich Geld habe, dann muss ich es ausgeben.	1 ---------- 2 ---------- 3 ---------- 4	
2. Wenn ich durch die Innenstadt oder durch ein Kaufhaus gehe, fühle ich ein starkes Verlangen, etwas zu kaufen.	1 ---------- 2 ---------- 3 ---------- 4	
3. Oft verspüre ich einen unerklärlichen Drang, einen ganz plötzlichen, dringenden Wunsch, loszugehen und irgendetwas zu kaufen.	1 ---------- 2 ---------- 3 ---------- 4	
4. Manchmal sehe ich etwas und fühle einen unwiderstehlichen Impuls, es zu kaufen.	1 ---------- 2 ---------- 3 ---------- 4	
5. Oft habe ich das Gefühl, dass ich etwas Bestimmtes unbedingt haben muss.	1 ---------- 2 ---------- 3 ---------- 4	
6. Nach dem Kauf frage ich mich oft, ob es wirklich so wichtig war.	1 ---------- 2 ---------- 3 ---------- 4	
7. Ich kaufe oft etwas, nur weil es billig ist.	1 ---------- 2 ---------- 3 ---------- 4	
8. Oft kaufe ich etwas, weil ich einfach Lust zum Kaufen habe.	1 ---------- 2 ---------- 3 ---------- 4	
9. Werbebriefe finde ich interessant; häufig bestelle ich auch etwas.	1 ---------- 2 ---------- 3 ---------- 4	
10. Ich habe schon oft etwas gekauft, das ich dann nicht benutzt habe.	1 ---------- 2 ---------- 3 ---------- 4	
11. Ich habe schon öfters etwas gekauft, das ich mir eigentlich gar nicht leisten konnte.	1 ---------- 2 ---------- 3 ---------- 4	
12. Ich bin verschwenderisch.	1 ---------- 2 ---------- 3 ---------- 4	
13. Einkaufen ist für mich ein Weg, dem unerfreulichen Alltag zu entkommen und mich zu entspannen.	1 ---------- 2 ---------- 3 ---------- 4	
14. Manchmal merke ich, dass etwas in mir mich dazu getrieben hat, einkaufen zu gehen.	1 ---------- 2 ---------- 3 ---------- 4	
15. Manchmal habe ich ein schlechtes Gewissen, wenn ich mir etwas gekauft habe.	1 ---------- 2 ---------- 3 ---------- 4	
16. Oft traue ich mich nicht, gekaufte Sachen anderen zu zeigen, weil man mich sonst für unvernünftig halten könnte.	1 ---------- 2 ---------- 3 ---------- 4	

Quelle: Reisch, Neuner, Raab 2004, S. 17

Kaufsuchtgefährdet bedeutet jedoch nicht, dass all diese Personen auch tatsächlich kaufsüchtig sein müssen. Zu einer solchen Diagnose müssen mehr Symptome bekannt sein als ein besonders hoher Wert auf der Kaufsucht-Skala.

Im Oktober 2001, ein Jahrzehnt später, wurde die gleiche Untersuchung erneut durchgeführt. „Ein Ergebnis war, dass der Anteil der suchtgefährdeten Personen deutlich angestiegen ist, in den alten Bundesländern von fünf auf fast acht Prozent, in den neuen Bundesländern von einem auf rund sieben Prozent. Die Untersuchungen deuten daraufhin, dass zunehmend mehr Menschen vom krankhaften Kaufverhalten betroffen sind“ (Zimmer-Fiene 2008, S. 187).

Das gilt vor allem für die neuen Bundesländer, wo sich die Tendenz der Situation in den alten Ländern weitgehend angeglichen hat. Besonders betroffen sind die ostdeutschen Konsumentinnen. Offensichtlich haben sie mittlerweile die Konsummuster und Kompensationsstrategien von den Konsumenten(innen) der alten Bundesrepublik übernommen (Reisch, Neuner, Raab 2004, S.21)

Abbildung 2: Entwicklung der Tendenz zur Kaufsucht: Prozentuale Veränderungen des Anteils der Betroffenen im Jahre 2001 gegenüber 1991

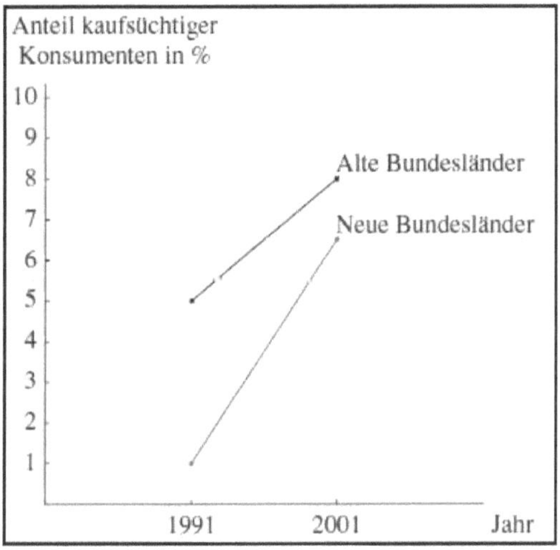

Quelle: Reisch, Neuner, Raab 2004 S. 21

Auch nach der neuen Studie scheinen grundsätzlich alle Einkommens- und Bildungsschichten von Kaufsucht betroffen zu sein. Interpretationsbedürftig für die Forscher ist ein Trend, wonach die höchsten Kaufsuchtwerte bei Personen mit mittlerer bis guter Bildung sowie bei Personen mit niedrigem Einkommen vorliegen. Jüngere Konsumenten scheinen etwas stärker kaufsuchtgefährdet zu sein als ältere und Frauen stärker als Männer. Weiterhin unterstützen die Ergebnisse die Vermutung, dass Internetnutzung und Kaufsuchttendenz in einem positiven Zusammenhang stehen (Reisch, Neuner, Raab 2004 S. 21).

Das Wohnumfeld scheint beim Auftreten der Kaufsucht keine große Rolle zu spielen. Für die Annahme, dass Kaufsucht aufgrund der zahlreichen Einkaufsmöglichkeiten eher ein städtisches Problem ist als eines in ländlichen Gegenden, konnte bisher keine Bestätigung gefunden werden. Das Einkaufserlebnis ist durch moderne Möglichkeiten wie Bestellen in Internetshops oder Katalogen nicht an die städtische Umgebung gebunden. Auch die anonyme Lebensweise in den Städten scheint kein besonders wichtiger Faktor zu sein (Scherhorn, Reisch und Raab 1991 S.92).

Professor Elmar Lange von der Universität Bielefeld kommt zu ähnlichen Ergebnissen beim Einsatz der Kaufsucht-Skala bei den Jugendlichen in West- und Ostdeutschland.

Demnach sind es im Jahr 2002 14% aller Jugendlichen, die kompensatorisch kaufen. „Unter ihnen sind 6%, die bereits als kaufsüchtig einzuschätzen sind, wenn man die Definitionsmerkmale von Sucht zugrunde legt. Dabei liegt der Anteil der kompensatorisch kaufenden Jugendlichen im Westen mit 15% höher als im Osten mit nur 11%. Auch der Anteil der Kaufsüchtigen liegt mit 7% im Westen über demjenigen im Osten mit nur 4%" (Lange 2004, S.136).

Es wurde festgestellt, dass in Westdeutschland jede vierte Person zumindest kaufsuchtgefährdet ist, d.h. mit relativ großer Wahrscheinlichkeit Probleme hat, ihr Kaufverhalten zu kontrollieren und/oder das Kaufen zur Kompensation von Defiziten einsetzt.

Die Techniker Krankenkasse schätzt, dass zurzeit etwa 800.000 Menschen in Deutschland unter Kaufzwang leiden. Über die Dunkelziffer kann keine Angabe gemacht werden (Friedl 2008, S.10).

3.5 Symptome

Kaufsüchtige *wollen* nicht einkaufen gehen, sie *müssen*. Sie können sich selber nicht mehr kontrollieren und geben dem Drang zu kaufen nach um sich Befriedigung zu verschaffen. In einem schleichenden Prozess über Wochen und Monate kommt es dann dazu, dass sich ein zwanghaftes Kaufverhalten und erste Anzeichen einer Sucht entwickeln.

Die Symptome ähneln denen anderer Suchterkrankungen und umfassen die folgenden suchttypischen Merkmale: Drang zum Kaufen, Dosissteigerung, Abhängigkeit und Entzugserscheinungen.

„1. Ein *unwiderstehlicher Drang*, der als stärker als der eigene Wille erfahren wird. Typische Aussagen der von Kaufsucht Betroffenen sind: „Es ist stärker als ich", oder „Wenn ich Geld habe, dann muss ich es einfach ausgeben", oder „An Sonderangeboten komme ich einfach nicht vorbei", oder „Die Dinge ziehen mich magisch an".

2. Eine *Abhängigkeit* vom Kaufen bis zum Verlust der Selbstkontrolle: Die Interessen der Süchtigen verengen sich auf das Kaufen, das als einziges Befriedigungsmittel übrig bleibt. Das Kaufen wird als einzig wirksame „Fluchtburg" erlebt, soziale Kontakte sterben ab und oftmals droht Überschuldung.

3. Eine Tendenz zur *Dosissteigerung*, d. h., um den gleichen Effekt zu erzielen, werden immer häufiger und in manchen Fällen auch immer teurere Dinge gekauft. Das Denken und Sehnen dreht sich zunehmend um das Kaufen.

4. *Entzugserscheinungen*, die von einer inneren Unruhe über Unwohlsein bis hin zu psychosomatischen Erkrankungen und Selbstmordgedanken führen können" (Reisch, Neuner, Raab 2004, S.17/18).

Das Auftreten dieser Merkmale kann einen ersten Hinweis darauf geben, dass der Betroffene ernsthaft an einer psychischen Störung leidet, die einer Behandlung bedarf. Die psychische Störung spielt sich im Kopf der Betroffenen ab, sie denken viele Stunden täglich ans Einkaufen und können sich kaum auf andere Dinge konzentrieren.

Während des Kaufaktes erfährt der Betroffene ein Gefühl der Befriedigung und erhält durch die Kontakte mit dem Verkaufspersonal die Aufmerksamkeit und Bestätigung wonach er sich sehnt. „Kaufsüchtige haben beim Kaufen ein Gefühl wie Weihnachten; sie holen sich die Sonne; spüren eine erwartungsvolle Aufregung; fühlen sich selbstbewusst, großartig, abgehoben und sind in einer anderen Welt" (Scherhorn, Reisch und Raab 1991, S.54).

Danach entwickelt der Betroffene aber schnell ein schlechtes Gewissen, Scham- und Schuldgefühle, vor allem auch gegenüber Familienmitgliedern und Arbeitskollegen, da er oftmals z.B. auf die Ersparnisse seiner Kinder oder die Portokasse der Firma zurückgreift um seine Sucht zu finanzieren. Diese negativen Gefühlsempfindungen können bis zu Selbstmordgedanken hinreichen. Vorwürfe von Familienmitgliedern und Auseinandersetzungen mit diesen können die Sucht verstärken und einen Teufelskreis auslösen in dessen Zuge es zu neuen aufkommenden negativen Empfindungen kommt, die weitere Kompensationshandlungen begünstigen (Reisch, Neuner, Raab 2004, S.18).

Dadurch verstrickt sich der Betroffene immer tiefer in der Suchtspirale und der Leidensdruck verstärkt sich.

Insbesondere wenn die Kaufsucht, wie in den meisten Fällen, zusammen mit anderen psychischen Erkrankungen wie beispielsweise Depressionen, Zwangsstörungen oder Essstörungen auftritt, spielen körperliche und psychosomatische Symptome eine Rolle.

Die Bandbreite reicht von: Schlafstörungen, depressiven Verstimmungen, Unruhe, Antriebslosigkeit über Appetitlosigkeit, chronische Kopfschmerzen, Rückenschmerzen bis hin zu Suizidgedanken (www.wikipedia.de/depression)

Das Suchtmittel ist der Kaufakt, daher wird den erworbenen Produkten keine Bedeutung zugemessen und sie werden zuhause ungenutzt in Originalverpackungen im Keller oder anderswo verstaut und gehortet.

Ein weiteres Symptom ist die Verheimlichung. Im Verlauf der psychischen Erkrankung entwickelt der Betroffene immer neue Tricks um seine Sucht zu verbergen, z.B. in dem er häufig die Läden wechselt, die Einkaufstouren vor Familienmitgliedern verheimlicht und die gekauften Waren zuhause versteckt.

Die Symptome sind bei männlichen und weiblichen Betroffenen die gleichen. Unterschiede gibt es in der Präferenz der Produkte, Frauen bevorzugen Kleidung, Schuhe und Kosmetik wohingegen Männer eher technische Geräte, Sportgeräte und Autozubehör kaufen (Zimmer-Fiene 2008, S.183).

Meist kommt es zu einer Spezialisierung auf bestimmte Produkte oder Produktgruppen, wie z.B. Billigeinkauf im Supermarkt, Kleidung in Boutiquen, Bestellung in Katalogen.

Bei Phasen auferlegten Nichtkaufens kann es zu Entzugserscheinungen kommen. Diese äußern sich in Zuständen wie „sich krank oder unglücklich fühlen; keine Luft mehr bekommen; sehr darunter leiden; das Leben eintönig finden; sich unzufrieden, unruhig und misslaunig fühlen; es nicht mehr auszuhalten“ (Scherhorn, Reisch, Raab 1991, S.56).

Für Familienmitglieder ist es nicht leicht, zu erkennen, ob jemand kaufsüchtig ist, da der Betroffene es vor allem in der ersten Zeit gut versteht, seine Neigung zu verbergen und die auftretenden Symptome aufgrund dessen für den Außenstehenden lange unerkannt bleiben.

Aus diesem Grund wird von den Angehörigen lange Zeit angenommen, dass es sich bei den Einkaufstouren der Betroffenen um ´normale´ Kaufräusche handelt, denen jeder mal verfällt, und nicht um ein zwanghaftes, krankhaftes Kaufverhalten.

Vor allem in der Anfangsphase ist es schwierig den Unterschied zwischen psychischer Störung und normalem Verhalten zu erkennen.

Grundsätzlich ist es so, dass nicht alle genannten Symptome auftreten müssen. Eine gesicherte Diagnose ´Kaufsucht´ durch einen Arzt oder Psychologen kann nur erfolgen, wenn suchttypische Symptome vorliegen, der Betroffene sein Verhalten nicht mehr willentlich kontrollieren kann und diese Kriterien über einen längeren Zeitraum bestanden haben.

3.6 Folgen für den Betroffenen

Die Folgen für den Betroffenen sind vielfältig und umschließen sowohl den privaten und sozialen als auch den beruflichen Bereich.

Im Verlauf der psychischen Störung entsteht ein Kreislauf aus Schuld, Ableugnung und Kompensationshandlungen. Das Kaufen zieht Schuldgefühle, Auseinandersetzungen mit dem Partner und der Familie und erneutes Kaufen um die aufkommenden schlechten Gefühle zu unterdrücken, nach sich.

Aus diesem Teufelskreis vermögen die Betroffenen sich nicht mehr selber zu befreien, da sie ihr Verhalten und ihre Impulse nicht mehr kontrollieren können und professionelle Hilfe benötigen.

Durch das exzessive Kaufen und das damit verbundene Geldausgeben verliert der Betroffene den Überblick über seine Einnahmen und Ausgaben und kommt seinen Zahlungsverpflichtungen nicht mehr nach.

Die finanziellen Konsequenzen reichen von einem regelmäßig überzogenem Konto bis hin zur Verschuldung oder gar Überschuldung, die je nachdem, wann die Kaufsucht entdeckt und behandelt wird, unterschiedliche hohe Ausmaße haben kann (Reisch, Neuner, Raab 2004 S.18).

Die Überschuldung kann zu existenzbedrohenden finanziellen Engpässen führen und oftmals verlieren die Betroffenen aufgrund der auftretenden Symptome im Laufe der Zeit auch ihre Arbeitsstelle, was eine Verarmung nach sich ziehen kann.

Die Armut führt dann zu weiteren gravierenden Folgen für die Lebens- und Alltagsgestaltung des Betroffenen und seiner Familie.

Wenn ersichtlich wird, dass die Schulden des Kaufsüchtigen existenzbedrohend sind und in den nächsten sechs Jahren nicht getilgt werden können, ist es oftmals von Nöten eine Privatinsolvenz anzumelden.

Hierbei handelt es sich um ein vereinfachtes, mehrstufiges Insolvenzverfahren für natürliche Personen, auch ehemalige Selbstständige und Kleingewerbetreibende, die weniger als 20 Gläubiger und keine Verbindlichkeiten aus Beschäftigungsverhältnissen mit Arbeitnehmern haben.

Während des sechsjährigen Verfahrens muss die verschuldete Person den pfändbaren Teil des Einkommens aus Dienstverhältnis oder an deren Stelle tretende Bezüge an einen Treuhänder abtreten und darf keine neuen Schulden verursachen.

Es soll den Gläubigern eines zahlungsunfähigen Schuldners gleichmäßige forderungsanteilige Befriedigung bringen und der Schuldner kann nach Abschluss des Verfahrens, von dem im Insolvenzverfahren nicht erfüllten Verbindlichkeiten befreit werden (www.wikipedia.de/privatinsolvenz).

Des Weiteren kann es auch zu kriminellen Handlungen kommen. Um seinen Kaufzwang zu finanzieren, vergreift sich der Betroffene unter Umständen an den finanziellen Mitteln anderer, z.B. an dem Konto eines Familienmitgliedes oder indem er fremden Menschen Geld klaut. Dementsprechende Handlungen können gerichtliche Prozesse und Bestrafungen sowie Anwaltskosten nach sich führen, was sich wiederum negativ auf die finanzielle Lage des Kaufsüchtigen auswirkt.

Durch den zwanghaften Gedanken an das Kaufen, verdrängt der Betroffene andere Gefühle und Bedürfnisse und es kommt zur Vernachlässigung von Beziehungen zu Freunden und Familie. Dies wiederum führt zu Vereinsamung und Isolierung, wenn es z.B. über Auseinandersetzungen und Konflikte zum Bruch mit der Familie kommt.

„Vorwürfe von der Familie, insbesondere vom Partner, treffen die ohnehin labilen Süchtigen tief. Sie verstärken die Sucht und können bis zum Selbstmord führen. Partnerprobleme, die häufig zu den auslösenden Faktoren gehören, verschlimmern sich noch, was weitere Kompensationshandlungen begünstigt“ (Reisch, Neuner, Raab 2004, S.18).

3.7 Behandlung/Therapie des Betroffenen

Die Selbsterkenntnis des Betroffenen, indem er sich bewusst wird, dass er nicht kaufen *will*, sondern *muss*, ist der erste Schritt der Therapie.

Genau wie bei anderen Suchterkrankungen hilft es nicht, wenn Familienmitglieder den Betroffenen auf seine Sucht aufmerksam machen und ihn überzeugen wollen zu einem Arzt oder Therapeuten zu gehen um sich behandeln zu lassen. Der Betroffene muss sich selber darüber klar werden und diese Entscheidung alleine treffen.

Wenn der erste Schritt der Selbsterkenntnis getan ist, ist es sinnvoll, „Sofortmaßnahmen“ zu ergreifen. Dazu gehören unter anderem:

- „Rückgabe von Kredit – und Kundenkarten und Bargeldzahlung
- Durch Selbstbeobachtung herausfinden, auf welche Reize bzw. Situationen man mit Kaufen reagiert, und sich diese bewusst machen
- Zeiten des Schlussverkaufes oder des saisonalen Hochkonsums (z.B. Vorweihnachtszeit) sowie Ausverkäufe meiden

- alle Bestände an Kleidung (oder je nach Fokussierung der Sucht auch Sportgeräte, Accessoires etc.) inventarisieren und diese Liste beim Einkaufen bei sich tragen
- „Dekontextualisierung" der Güter, indem beispielsweise mehrere davon zur Auswahl mit nach Hause genommen werden und auf diese Weise außerhalb der verführerischen Kaufatmosphäre „entzaubert" werden
- Formen regelmäßiger Haushaltsbuchführung einführen (z.B. selbstgestaltetes Haushaltsbuch, Einnahmen und Ausgabenerfassung, Finanzbuchhaltung)"

(Reisch, Neuner, Raab 2004, S. 22)

Im nächsten Schritt sollte der Betroffene professionelle Hilfe aufsuchen und sich an einen Arzt oder Psychologen wenden.

Die Behandlung erfolgt in Deutschland überwiegend in Form einer Verhaltenstherapie. Auf eine medikamentöse Therapie wird verzichtet, während in anderen Ländern wie den USA oftmals Psychopharmaka eingesetzt werden, die den Serotoninpegel im Gehirn stabil halten sollen. Die Verhaltenstherapie verspricht weitaus gute Erfolge, weil der Betroffene sich hierbei mit der Kaufsucht auseinander setzten muss und versuchen muss, die Gründe und Ursachen für sein vermindertes Selbstwertgefühl zu finden.

Dadurch wird er sich darüber klar, in welchen Situationen und aus welchen Gründen er zum Kaufen neigt und lernt den Kaufimpuls zu kaufen zu kontrollieren.

Bei einer rein medikamentösen Therapie wird der Drang zum Kaufen ggf. gemindert, nicht aber die eigentliche Ursache behandelt.

Oftmals geht die Kaufsucht noch mit anderen (Sucht-)erkrankungen einher und die Therapie sollte daher auf jeden Betroffenen individuell abgestimmt sein.

Bei dem gleichzeitigen Auftreten einer Depression oder psychosomatischen Erkrankungen bedarf es auch Medikamenten wie z.B. Antidepressiva oder ähnlichen Substanzen um auch körperliche Symptome abzumildern.

Die Psychosomatische und Psychotherapeutische Abteilung des Universitätsklinikums Erlangen unter der Leitung von Prof. Dr. med. Martina de Zwaan befasst sich seit 2003 mit dem Phänomen Kaufsucht und untersuchte in einer Psychotherapiestudie inwieweit eine Verhaltenstherapie bei Kaufsucht Erfolg verspricht.

An der Studie, die sich über einen Zeitraum von drei Jahren erstreckte, nahmen 48 Frauen und neun Männer im Alter von 23-61 Jahren teil, die zusätzlich auch an einer weiteren psychischen Erkrankung wie Depressionen, Angststörung und Essstörung litten.

Die Behandlung umfasste 12 ambulante, wöchentliche, 90-minütige Therapiesitzungen in Kleingruppen zu je 6-8 Personen. Die Sitzungen orientierten sich an einem Verhaltenstherapie-Leitfaden aus den USA (Zimmer-Fiene 2008, S. 176).

Die Gruppentherapie hat sich am effektivsten erwiesen. „Das Hinterfragen bisheriger Konsummuster gelingt meistens leichter als in der Einzeltherapie, da die Patienten sich gegenseitig glaubwürdiger konfrontieren können", erklärt Astrid Müller die Behandlungsart" (http://internet.magnus.de).

In der Therapie lernen die Betroffenen unter anderem einen anderen Umgang mit Geld und bekommen eine Liste mit 14 Empfehlungen für ein gelungenes Geldmanagement, die folgende Punkte enthält:

1. Notieren Sie zwei Wochen lang jeden ausgegebenen Euro und jeden Cent.
2. Überprüfen Sie regelmäßig Ihre Kontoauszüge.
3. Sparen Sie jeden Monat 10% Ihrer monatlichen Einkünfte oder einen Festbetrag entsprechend Ihren Möglichkeiten.
4. Legen Sie eine finanzielle Notreserve an.
5. Zahlen Sie möglichst immer bar! Benutzen Sie keine EC-Karten oder Kreditkarten.
6. Kaufen Sie nicht online ein.
7. Haben Sie nie mehr Bargeld als nötig (für angemessene und notwendige Käufe) in Ihrer Geldbörse.
8. Solange Sie Schulden haben, kaufen Sie nur das Nötigste.
9. Vermeiden Sie strikt TV- und Online-Einkäufe.
10. Reduzieren Sie Katalogeinkäufe auf ein Minimum. Am besten, Sie lassen es ganz.
11. Werfen Sie Kataloge weg.
12. Lieber öfter geplant einkaufen als ein Großeinkauf! Planen Sie Einkäufe. Fertigen Sie Listen mit geplanten Einkäufen an. Kaufen Sie nicht spontan oder unter Zeitdruck ein.
13. Nehmen Sie die Liste mit, wenn Sie aus dem Haus gehen. Überprüfen Sie, ob die Ware auf Ihrer Liste steht, bevor Sie zugreifen.
14. Wenn Sie irgendwas kaufen möchten, was nicht auf Ihrer Liste steht, nehmen Sie sich 24 Stunden Bedenkzeit (Müller, de Zwaan, Mitchell 2008, S. 44)

Mithilfe eines Kaufprotokolls sollten sie diejenigen Situationen erkennen, in denen sie zum Kaufen neigten und lernten dem Kaufdrang nicht nachzugeben, indem sie Ersatz für den Kaufimpuls in Form von Hobbies oder anderen Aktivitäten fanden.

Laut Studienleiterin Dr. med. Dipl. Psych. Astrid Müller konnte mit dem Ergebnis der Studie in Deutschland erstmals die Wirksamkeit einer Therapie wissenschaftlich nachgewiesen werden und auch sechs Monate nach Abschluss der Behandlungen sind die Teilnehmer nicht rückfällig geworden (Friedl 2008, S.10).

Dennoch ist es nicht möglich, Kaufsucht komplett zu heilen. „Die Betroffenen werden aber auch nach der Therapie nicht geheilt sein - ähnlich wie Alkohol- oder Drogenabhängigen. Sie werden immer wieder den Drang verspüren, viel einzukaufen. Es werde auch Rückfälle geben, stellt die Klinikleiterin Prof. Dr. med. Martina de Zwaan klar. Kaufen ist gesellschaftlich anerkannt, weder tabuisiert noch entbehrlich wie Drogenkonsum. „Absolute Abstinenz kann kein Therapieziel sein", sagt die Erlanger Wissenschaftlerin. Kaufanfällige Gemüter müssen lernen, mit ihrem Faible umzugehen und einen einmaligen Kaufrausch als Warnsignal zu verstehen, um Maßnahmen zu ergreifen" (http://gesundheitsnews.imedo.de). Auch nach Abschluss der oben genannten Psychotherapiestudie werden im Universitätsklinikum Erlangen weitere ambulante Therapiegruppen angeboten.

Die Therapiedauer von Kaufsucht ist individuell sehr unterschiedlich und kann ambulant bis zu zwei Jahre, stationär in einer psychosomatischen Klinik circa vier Wochen dauern.

Als problematisch anzumerken, ist, dass Kaufsucht bislang noch nicht als Krankheit anerkannt ist und die Krankenkassen die Kosten für eine Psychotherapie nur übernehmen, wenn gleichzeitig eine weitere psychische Störung wie Depression oder das Borderline-Syndrom vorliegen.

Viele Betroffene brauchen zusätzliche Hilfs- und Beratungsangebote, wie z.B. Schuldnerberatung oder einen Rechtsbeistand um mit den etwaigen Folgen der Kaufsucht nicht alleine da zu stehen.

Des Weiteren gibt es Selbsthilfegruppen, ähnlich denen der ´Anonymen Alkoholiker´ in größeren Städten wie Hannover, Köln, Berlin und Pforzheim sowie Netzwerke im Internet, wo die Betroffenen Informationen über die psychische Störung erhalten und sich anonym mit Gleichgesinnten austauschen können, z.B. www.kaufsucht.org oder www.kaufsuchthilfe.de.

4 Fazit

Die moderne Massenkonsumgesellschaft zeichnet sich durch Massenproduktion und Massenkonsum aus. Das bedeutet produzieren und konsumieren im Überfluss und ohne ein Ende in Sichtweite. Folglich lässt sich formulieren, dass in der heutigen Konsumgesellschaft konsumieren ausdrücklich erwünscht ist, da dieses Verhalten die Wirtschaft ankurbelt und dazu beiträgt, den Absatz der Firmen zu erhöhen damit immer neue Produkte auf den Markt gebracht werden können. Dieser Kreislauf bedingt und fördert sich zugleich, denn ohne Produktion keine Konsumtion und ohne Konsumtion keine Produktion.

Das Konsumverhalten der Menschen wird insbesondere durch die Gütersymbolik geprägt und durch viele Faktoren wie z.B. Leitbilder und Werbung gefördert. Die Werbeindustrie entwickelt Werbestrategien, die Produkte mit einer zielgerechten, symbollastigen und bedürfniserregenden Wirkung versieht und zu Kaufhandlungen bei den Kunden führt. Die Beeinflussung und Steuerung durch Werbung geschieht oft für den Konsumenten unbewusst bzw. wird selten hinterfragt, da Werbung zum alltäglichen Zeitschriften lesen und Fernsehen gucken dazu gehört. Hierzu wurde schon des Öfteren in Umfragen festgestellt, dass Konsumenten eher eine Zeitschrift mit Werbeanzeigen kaufen würden als eine ohne.

Einkaufen ist heutzutage eine normale Alltagshandlung und ein unumgängliches Mittel um Güter und Dienstleistungen zu erwerben. Die meisten Menschen tun es freiwillig, nach Lust, Laune, Bedarf und finanziellen Möglichkeiten. Dennoch ist es auch so, dass man einkaufen geht um schlechte Gefühle, Frust und Stresssituationen zu vergessen oder sich für etwas zu belohnen. Diese Art des Einkaufens nennt man kompensatorisches Verhalten und dieses ist zunächst einmal als normal zu bezeichnen. Jedem ist es sicherlich schon mal so ergangen, dass er oder sie Frustkäufe getätigt hat. Man kompensiert also negative Empfindungen mit einem bestimmten Verhaltensmuster. Daraus und wenn zusätzlich noch andere Faktoren vorliegen, kann eine Abhängigkeit nach Einkaufen entstehen, die Kaufsucht genannt wird.

Vor allem Menschen mit einem schwachen Selbstwertgefühl, das oftmals in der Kindheit begründet liegt, sind hierfür anfällig. Andere Ursachen können physiologische Faktoren wie Neurotransmitter, traumatische Erfahrungen und oben beschriebene kulturelle und gesellschaftliche Einflüsse sein.

Die Kaufsüchtigen lieben am Kaufen die Gesprächen mit Verkäufern und die ihnen dadurch zu Teil werdende Aufmerksamkeit und fühlen sich während des Kaufens mächtig, anerkannt, reich und gutaussehend. Diese erlebten Emotionen beziehen sich jedoch nur auf den Kaufakt an sich, nachher fühlen sich die Betroffenen schlecht und haben Schamgefühle. Daraus entwickelt sich wieder das Verlangen einkaufen zu gehen um die schlechten Gefühle zu unterdrücken und es entwickelt sich ein Kreislauf, aus dem sich die Kaufsüchtigen nicht mehr selbst zu befreien vermögen.

Experten schätzen, dass es gegenwärtig 800.000 kaufsüchtige Menschen in Deutschland gibt und die Dunkelziffer weitaus höher liegen kann, da viele betroffene Menschen sich dafür schämen und das Leiden geheim halten. Zudem ist es auch möglich, dass vielen Betroffenen nicht bewusst ist, dass es sich bei ihrem Verhalten um ein zwanghaftes Kaufverhalten handelt, da ihr Verhalten oft als Normalfall und gesellschaftlich erwünscht aufgefasst wird.

Bezüglich der in der Einleitung formulierten Fragestellung, wie die Konsumgesellschaft mit Kaufsucht zusammenhängt und inwiefern, die Konsumgesellschaft in diesem Zusammenhang die Entstehung der Kaufsucht begünstigt, lässt sich abschließend folgendes herausstellen. Die Konsumgesellschaft und die Kaufsucht hängen in dem Sinne zusammen, dass die Konsumgesellschaft mit den heutigen Konsummustern pathologisches Kaufverhalten begünstigen kann. Einerseits bietet sie die Möglichkeiten zum Kaufen durch die Vielfalt und Reichhaltigkeit der Produkte, die als Kaufobjekte dienen und andererseits wirkt sie als Förderer, da durch gesellschaftliche Faktoren wie Werbemaßnahmen Güter mit Symbolen versehen werden und Bedürfnisse wie der Wunsch nach Anerkennung und Selbstverwirklichung geschaffen und verstärkt werden. Dadurch werden wiederum der Konsum und die Wirtschaft angekurbelt und es entsteht ein Kreislauf aus stetiger Produktion und Konsumtion. Dies geschieht natürlich nicht nur durch kaufsüchtige Menschen, sondern auch durch ´normale´ Einkäufer.

Die Kaufsucht ist in diesem Zusammenhang als Begleiterscheinung und zugleich Folge der Konsumgesellschaft zu bezeichnen, da sie sich im Laufe der Entwicklung der Konsumgesellschaft auch weiterentwickelt und verbreitet hat und letztlich als psychische Störung nur entstehen konnte, weil es die moderne Konsumgesellschaft gibt. So kann man davon ausgehen, dass es, solange die Konsumgesellschaft existieren wird, auch kaufsüchtige Menschen geben wird und in den nächsten Jahren ein deutlicher Anstieg zu beobachten sein wird.

Auf diesem Hintergrund sollte man ein verstärktes Augenmerk auf die Konsumsozialisation richten und sich mit der Fragestellung beschäftigen, welche Möglichkeiten bestehen Kinder zukünftig zu einem besseren Umgang mit Geld und Konsum zu erziehen. Des Weiteren muss über eine Weiterentwicklung der Therapiemöglichkeiten nachgedacht werden, da es bislang noch keine Untersuchung über die langfristige Wirkung der derzeitigen Behandlungsmöglichkeiten gibt. Die Therapieform der Uni Erlangen scheint gut anzuschlagen. Hierbei hat sich eine Gruppentherapie als sinnvoll erwiesen, weil die Betroffenen im Austausch mit Gleichgesinnten ihre Konsummuster hinterfragen können.

Literaturverzeichnis

Brenner-Waas, K.; Raab, G. (2006): Ich kaufe, also bin ich. Kein Mensch wird mit einem Nike – Gen geboren. In: Psychologie Heute, 33. Jahrgang, Heft 8: S. 62 – 65.

De Graaf, J.; Wann, D.; Naylor, T.H. (2002): Affluenza. Zeitkrankheit Konsum. München: Verlagsgruppe Random House GmbH.

Frank, S.; Schuster, J. (2009): Die gute Laune ist geblieben. Trotz Krise haben die Deutschen ihre Kauflust nicht verloren – fragt sich nur, wie lange noch. In: FOCUS, Heft Nr. 7.

Friedl, A. (2008): Wenn Kaufen zur Sucht wird. Eine neue Therapieform hilft gegen exzessives Shoppen. In: Psychologie Heute, 35. Jahrgang, Heft 12: S. 10.

Karsten, C. (2008): Shoppen ohne Ende. Wenn Kaufen zur Sucht wird. Düsseldorf: Patmos Verlag GmbH & Co. KG.

Kleinschmidt, C. (2008): Konsumgesellschaft. Göttingen: Wandenhoeck & Ruprecht GmbH & Co. KG.

König, W. (2008): Kleine Geschichte der Konsumgesellschaft. Konsum als Lebensform der Moderne. Stuttgart: Franz Steiner Verlag.

Jäkel, M. und Kochhan, C. (2000): Notwendigkeit und Luxus. Ein Beitrag zur Notwendigkeit des Konsums. In: Rosenkranz, D.; Schneider, Norbert F. (Hg.): Konsum. Soziologische, ökonomische und psychologische Perspektiven. Opladen, Leske + Budrich. S. 73 – 95.

Lange, E. (2004): Jugendkonsum im 21. Jahrhundert. Eine Untersuchung der Einkommens-, Konsum- und Verschuldungsmuster der Jugendlichen in Deutschland. 1. Auflage. Wiesbaden: VS Verlag für Sozialwissenschaften/GWV Fachverlage GmbH.

Locherer, J. (2007): Wege in die Konsumgesellschaft. Deutschland und USA im Vergleich. Saarbrücken: VDM Verlag Dr. Müller e. K. und Lizenzgeber.

Müller, A.; de Zwaan, M.; Mitchell J.E. (2008): Pathologisches Kaufen – Kognitiv – verhaltenstherapeutisches Manual. Köln: Deutscher Ärzteverlag GmbH

Reisch, L.; Neuner, M.; Raab, G. (2004): Zur Entstehung und Verbreitung der Kaufsucht in Deutschland. In: Aus Politik und Zeitgeschichte B 1-2, S. 16 – 22.

Scherhorn, G.; Reisch, L.; Raab, G. (1991): Kaufsucht. Bericht über eine empirische Untersuchung. Arbeitspapier Nr.50, Uni Hohenheim, 5. überarbeitete Auflage, Stuttgart.

Schneider, Norbert F. (2000): Konsum und Gesellschaft. In: Rosenkranz, D.; Schneider, Norbert F. (Hg.): Konsum. Soziologische, ökonomische und psychologische Perspektiven. Opladen, Leske + Budrich. S. 9 – 23.

Stihler, A. (2000): Ausgewählte Konzepte der Sozialpsychologie zur Erklärung des modernen Konsumverhaltens. In: Rosenkranz, D.; Schneider, Norbert F. (Hg.): Konsum. Soziologische, ökonomische und psychologische Perspektiven. Opladen, Leske + Budrich. S.169 – 186.

Ullrich, W. (2006): Habenwollen. So funktioniert die Konsumkultur.
Frankfurt am Main: S. Fischer Verlag GmbH.

Zimmer – Fiene, S. (2008): Kaufsucht. Mein Leben durch die Hölle.
2. Auflage. Hannover: Tinto Verlag.

Quellenangaben

Bernerth, J.E. (2009): In den Ruin geshoppt. Kaufsucht im Internet: Vom Zwang, Geld auszugeben. In: http://internet.magnus.de/netzleben/artikel/kaufsucht-im-internet-vom-zwang-geld-auszugeben.2.html (30.07.2009)

Carasco, I. (2009): Konsum. In: http://www.planet-wissen.de/politik_geschichte/wirtschaft_und_finanzen/konsum/index.jsp (22.06.2009).

Müller, A. (2009): Das muss ich jetzt haben. Den Kaufsucht – Strudel stoppen. Psychologin Astrid Müller über Kaufsucht.
In: http://37grad.zdf.de/ZDFde/inhalt/12/0,1872,7605196,00.html (21.07.2009)

Scherhorn, Gerhard (2003): Der Konsumismus hat keine Zukunft
In: http://www.politik-konsum.de/pdf/scherhorn.pdf (08.08.2009)

Interview mit Prof. Dr. Alfred Gebert, Fachhochschule des Bundes, Münster
In:http://www.presse.dak.de/ps.nsf/Show/38377A046BDBCEF8C1256A3200358C42/$File/InterviewmitProfGebert_I.pdf (08.07.2009)

www.dimdi.de/static/de/klassi/diagnosen/icd10/htmlgm2009/block-f10-f19.htm) (30.06.2009)
http://gesundheitsnews.imedo.de/news/104639-kaufsucht-nimmt-weiter-zu-therapieplatze-reichen-nicht-aus (23.08.2009)
www.gfk.de (01.08.2009)
www.informatikkaufmann-azubi.de/tagebuch/wp-content/bilder/050825maslow.gif (09.07.2009)
www.kaufsucht.org (30.06.2009)
www.kaufsuchthilfe.de (05.06.2009)
www.medizinfo.de/sucht/ursachen/physiologie.shtml (22.07.2009)
www.landesstelle-berlin.de/e349/e481/e3417/e3418/index_ger.html (28.07.2009)
www.sdi-research.at/lexikon/beduerfnishierarchie.html (01. 07.2009)
www.vz-nrw.de (03.08.2009)
www.wikipedia.de/aida-regel (14.07.2009)
www.wikipedia.de/depression (02.07.2009)
www.wikipedia.de/fernsehen (17.08.2009)
www.wikipedia.de/frontallappen (11.07.2009)
www.wikipedia.de/geltungskonsum (14.07.2009)
www.wikipedia.de/jeans (10.08.2009)
www.wikipedia.de/kaufsucht (02.07.2009)
www.wikipedia.de/maslowsche_bedürnispyramide (26.07.2009)
www.wikipedia.de/privatinsolvenz (28.07.2009)
www.wikipedia.de/serotonin (31.07.09)
www.wikipedia.de/sucht (11.07.2009)
www.wikipedia.do/werbung (26.07.2009)
www.suchthilfe-wetzlar.de/hp-dateien/sucht.htm (03.07.2009)